U0691037

# 装饰施工管理 与预决算

鲁甜 兰鹏 王乐 主编

化学工业出版社

·北京·

**内容简介**

本书旨在系统阐述装饰施工管理与预决算的相关理论及实用技巧。书中涵盖了装饰施工的基本概念、装饰施工组织设计、施工技术与项目管理、质量及安全管理等多个关键领域，还涉及预决算的基本概念、编制方法、风格设计与预决算、材料用量的计算、施工工艺与预算的调整，以及通过具体案例分析预决算等多个方面。引入了众多表格，用以对比分析预决算的各项参数，旨在让读者更为直观和深入地理解，从而更好地掌握装饰施工管理和预决算的实质内容。本书附有案例资源，扫描书中二维码即可观看。

本书可作为应用型本科、高等职业院校的建筑装饰工程、环境艺术设计、土木工程、建筑工程技术、工程造价等土木建筑类与艺术设计类相关专业的教材，也可供相关行业的建筑师、监理师、设计师、质量检测师等工程技术人员参考。

**图书在版编目（CIP）数据**

装饰施工管理与预决算 / 鲁甜，兰鹏，王乐主编．
北京：化学工业出版社，2025. 6. --（应用型人才培养教材）. -- ISBN 978-7-122-47851-1

Ⅰ. TU767

中国国家版本馆CIP数据核字第2025P2V446号

责任编辑：李仙华　尤彩霞
文字编辑：李一凡　王　硕
责任校对：王鹏飞
装帧设计：史利平

出版发行：化学工业出版社
　　　　　（北京市东城区青年湖南街 13 号　邮政编码 100011）
印　　装：河北延风印务有限公司
787mm×1092mm　1/16　印张 12¼　字数 268 千字
2025 年 10 月北京第 1 版第 1 次印刷

购书咨询：010-64518888　　　　售后服务：010-64518899
网　　址：http://www.cip.com.cn
凡购买本书，如有缺损质量问题，本社销售中心负责调换。

定　　价：49.00元　　　　　　　　版权所有　违者必究

# 前　言

随着我国城市化进程的加速，建筑装饰施工领域对工程管理与预算决算的标准化需求日益增长。因此，需要在实践中不断提升施工质量与安全技术培训水平，并对从事工程预算的人员提出了更高的职业素养要求。

专业人才对建筑装饰施工管理与预算决算方面基础知识的掌握至关重要。无论是企业管理层还是基层施工人员，均需熟练掌握快速计算物料消耗与人员薪酬的方法。为保障建筑装饰施工项目的顺利实施，提升工程成本预决算的精确性与真实性，培育具备设计、施工、管理综合能力的复合型人才显得尤为迫切。

建筑装饰施工管理的核心内容涉及：确立施工方案、充分做好施工前期准备工作、制定施工进度计划、草拟合同条款以及精确进行预算管理。

工程项目在施工过程中的管理关键，涉及对进度、质量、成本以及安全的综合调控。项目管理中，进度安排的合理性直接影响到工程能否按时交付，因此进度管理被视为项目执行的核心环节；质量控制是确保整体工程品质的基础，其重要性体现在建筑物的持久性和安全性方面；成本管理对于施工企业的持续发展至关重要；而安全管理则是保障工程项目长期稳定运营的必要条件。只有当这四个关键要素得到有效控制与管理时，工程项目才能顺利进行。

本书围绕这四大管理要素展开论述，旨在实现进度与质量的协同，以及成本与安全的互动。结合丰富的图文资料、大量的表格数据以及精选的实际案例，深化读者对核心概念的理解。所引用的案例均源自作者积累的实践经验，涵盖了项目的详细描述、具体计算过程，以及施工现场的实地照片，力图为读者营造一个贴近实际的学习场景。

本书参照我国建筑装饰工程相关法规，深入阐释了建筑装饰工程的施工管理与预算决算相关知识。内容结构经过优化，注重知识的系统性和连贯性，采取由浅入深、由局部到全局的方式，逐步展开相关概念和技能的讲解，以助力读者迅速入门并能在实践中不断积累经验。本书具体特点如下：

（1）通过深入建筑装饰项目管理的实践一线，本书的理论知识得以应用。作者与装饰企业的管理层和施工人员进行了深入交流，全面理解了建设方、承建方、监理方之间的利益博弈和合作模式。在广泛收集各方意见的基础上，提出了创新性的解决方案。

（2）为了深入了解市场状况，对当地装饰材料市场及劳动力市场进行了深度调研。通过分析材料价格和营销策略，并与施工人员和管理层紧密沟通，综合评估了装饰项目的成本，并与国家预算标准进行了比较，以寻找潜在差异，并提出相应的解决措施。

（3）分析了国家政策及市场供需对装饰行业的影响，明确了行业的发展趋势和未来风向。基于这些分析，调整了学习方向和内容，以助力读者通过学习装饰施工行业的多项工作，积极探索适合自己的职业路径。

本书由鲁甜、兰鹏、王乐担任主编，刘同平、汤留泉任副主编，黄溜、陈全、黄登峰、柯玲玲、董豪鹏、蒋林、刘峻、刘忍方、吕菲、毛婵、叶伟、付洁、肖亚丽、张颢、张欣参编。

本书在编写过程中，汇集大量真实的施工案例，为读者提供更丰富的素材资源，读者可扫描书中二维码获取。同时，可登录www.cipedu.com.cn免费获取电子课件。

本书编写历时四年，主旨在于结合多种类型的工程案例，总结作者的职业经验。限于作者水平，书中如有不足之处，敬请读者批评指正。作者联系邮箱：308950418@qq.com。

编者
2025年5月

# 目　录

## 第九章　施工工艺与预算调整

## 第十章　装饰工程预决算实例解析

## 参考文献

# 二维码资源目录

# 第一章

# 装饰施工概述

**学习难度：** ★☆☆☆☆
**重点概念：** 施工组织、工程概况
**章节导读：** 装饰施工组织作为建筑工程项目的一个关键组成部分，其重要性不容小觑。
本章旨在系统性地解析该项工作的构成要素、分类及其原则。通过介绍装饰
施工组织的基本概念，并阐述其在工程项目中的重要性，深入探讨装饰施工
组织在施工过程中的核心地位，详细说明装饰施工组织的具体内容。

## 第一节　装饰施工组织概述

### 一、装饰施工组织概念

装饰施工组织是指为实现工程高效率完成，同时维护工程质量与控制成本，运用科学
管理方法，对资金、物料、人力资源、机械设备及施工技术等资源进行优化配置与高效管
理。最终在保证工程质量的前提下，实现工程按时交付，并最大限度地降低成本投入。

### 二、装饰施工组织意义

装饰工程的施工组织策划，是施工活动开展之前的必要准备工作，其重要性在于直接
影响到工程质量的稳固与施工进度的顺利实现。作为连接设计构思与现场施工的枢纽，施
工组织扮演着不可或缺的角色。它为整个装饰项目制定了全面的实施框架，明确了施工方
向，成为科学管理实践中的关键性手段。通过对施工组织的精心规划，确保了工程的高效
执行与目标达成。

### 三、装饰施工组织内容

装饰工程施工组织包括的内容见表1-1。

表1-1　装饰工程施工组织内容

| 名称 | 内容 |
|---|---|
| 工程概况 | 装饰工程的实施规模、项目地点、装饰区域大小、施工期限以及当地的气候状况等关键信息 |

| 名称 | 内容 |
|---|---|
| 施工方案 | 综合考虑人力资源、材料资源，以及机械设备等要素，制定施工的具体环节及其实施步骤 |
| 施工进度计划 | 对施工期限进行精确规划，并对成本进行调整，以确保人力资源和物力资源的合理利用，从而满足工程按时完成的要求 |
| 施工准备计划 | 包括技术准备、现场环境布置、劳动力配置、材料及机械设备的准备，以及加工工艺的规划，构成了施工组织中的核心内容。这些准备工作贯穿于整个施工过程，确保了工程的顺利进行 |

## 四、装饰施工组织分类

装饰施工组织按编制阶段和对象类型进行分类，包括表1-2所示内容。

表1-2　装饰施工组织分类

| 分类依据 | | 细节 | |
|---|---|---|---|
| 编制阶段 | 设计阶段 | 初步规划设计 | |
| | | 总体技术设计 | |
| | | 施工图设计 | |
| | 施工阶段 | 施工前期：计划组织设计 | |
| | | 施工后期：实施组织设计 | |
| 施工组织对象 | 施工项目 | 施工组织总设计 | 技术文件 |
| | | | 经济文件 |
| | | | 管理文件 |
| | 施工单位 | 单位工程施工组织设计 | 综合设计 |
| | 专项工程 | 施工方案 | 施工措施方案 |
| | | | 施工技术方案 |
| | | | 施工组织方案 |

## 五、装饰施工组织原则

### 1. 贯彻执行相关方针政策

在执行工程项目的过程中，必须深入贯彻落实党和国家制定的相关方针政策，确保经过严谨的审核流程。此外，项目的实施需严格遵循国家制定的基建规范，坚决杜绝任何偷工减料或违反法律法规的行为，从而有效预防安全事故。这是对工程项目执行的基本要求。

### 2. 分批施工

在实施大型装饰工程时，经常会面临工期冗长的挑战。为了提升经济效益，建议采取分阶段建设的策略，分期分批进行施工。例如，在大型酒店底层商业购物区的装饰过程中，在保证施工品质的基础上，尽可能缩短工程周期，如此一来，商场将能早日开业，进而为投资者带来更多的经济回报（图1-1）。

图1-1　购物中心装饰工程

图1-1：位于澳门的威尼斯人度假村，其内部所拥有的购物中心，堪称该区域最宏大的室内商业综合体。在购物中心的建设过程中，装饰工程首先集中在地面层的室内区域以及外围的河流景观，优先完成这些关键部分的装修作业；而剩余楼层的室内装饰工程，则在购物中心投入运营后，逐步推进实施。

### 3. 合理安排施工顺序

依据工程本质的客观规律进行科学的工序安排和合理的规划安排是不可或缺的，这种安排应体现施工组织的合理性与科学性。精心制定的施工顺序，不仅能够规避不必要的重复工作，减少返工，而且有助于施工进度的加快，从而实现项目工期的有效缩短。

### 4. 采用先进施工技术

在实施现代工程技术项目时，施工人员应将前沿科技与工程的具体需求和现场环境相融合，以促进新材料的研发和新工艺的运用。然而，在追求技术革新的同时，必须防止忽视施工效率的倾向。对于现有机械设备的运用，应予以充分重视，并确保选用与之兼容的工具及配件，以提高施工效率。例如，在电钻的操作过程中，操作者应根据钻孔作业的材料特性和具体位置，选取恰当的钻头。这一选择不仅关乎作业效率，也是确保工程质量的关键环节。

### 5. 合理布置施工平面图

为了实现施工场地的有效规划，应最大限度地利用现有的土建结构，如地基和墙体，作为装饰施工的辅助支撑结构。根据物资的物理特性，合理调配运输工具。此外，在物资的运输、装卸和储存环节，必须采取有效措施以降低运输量，并尽可能避免重复运输，从而优化施工流程，提升效率并降低成本。

### 6. 降低装饰工程成本

在实施装饰工程项目时，提倡采取节约能源及材料的策略。此策略基于因地制宜及就地取材两大原则，通过对现有资源的最大化利用，以及对人力和物力的合理配置，实现成本的有效控制。此外，可通过对资源进行综合平衡与调度，进一步降低工程成本。

### 7. 严格控制质量

在质量保障方面，为确保工程项目的品质达到高标准要求，必须采取一套严格的管理程序。依据施工验收规范、操作指南及质量评估标准，制订一套全面的质量保证计划。计划内容涵盖对施工各个阶段的质量控制措施，旨在建立一套科学而详尽的质量监管体系。此外，整个施工期间，将持续进行监督和质量检查，确保所有规范和标准均得到贯彻落实。

# 第二节  装饰施工工程概况分析

工程概况分析旨在对建筑装饰施工项目的根本情况进行系统阐述，内容涉及该工程的设计风格、所处的地理位置，以及施工环境等多个维度。

想要对装饰工程进行深入分析，不仅需要全面掌握设计图纸和建筑构造的特征，还需对施工技术、作业场所的实际情况，以及人力资源配置等方面进行综合评估与考量，其主要内容如表1-3所示。

表1-3  工程概况的主要内容

| 序号 | 主要内容 |
| --- | --- |
| 1 | 装饰工程的装饰目的、意义、说明 |
| 2 | 装饰工程的建设单位 |
| 3 | 装饰工程的名称 |
| 4 | 装饰工程的地点 |
| 5 | 装饰工程的性质和用途 |
| 6 | 装饰工程的投资额度 |
| 7 | 装饰工程的设计单位 |
| 8 | 装饰工程的施工单位 |
| 9 | 装饰工程的监理单位 |
| 10 | 装饰设计图纸情况与施工期限 |
| 11 | 装饰工程所在地区的气候条件 |
| 12 | 装饰施工单位的管理水平，机具设备、人员、材料供应方式及来源 |

通过对装饰工程项目全面而深入的剖析，在细致掌握工程施工的核心特性和关键性问题的基础上，应进一步探讨在施工方案的选取、施工进度计划的编排以及资源需求计划的制定过程中，如何实施恰当而高效的策略与措施，以实现施工的整体统筹与协调。

小结

本章深入阐述了装饰施工组织的核心要素，包括其基础内容、设计原则。通过本章学习，读者可以获得对装饰施工组织的全方位理解，进而促进对该领域的深刻洞察。装饰施工组织不仅需要遵循科学原则，而且要确保施工流程的合理布局以及各项施工作业的有序进行，这对于保障人力资源和其他必要资源的不间断供给至关重要。

## 课后练习题

1. 什么是装饰施工组织？
2. 施工组织对装饰工程起到什么作用？
3. 请简要概述装饰施工组织原则。
4. 装饰施工工程概况的主要内容是什么？
5. 请简单说明工程概况分析的重要性。

# 第二章

# 装饰施工组织设计

学习难度：★★★☆☆

重点概念：施工准备、施工方案、进度计划、资源调度、施工图纸

章节导读：施工组织设计作为一项贯穿施工项目始终的全面指导性文件，其核心在于对工程对象的特性、施工环境及现有技术水平的全面考量，旨在确保施工进程的有序性与合理性。为此必须对施工流程进行细致规划，协调各工序与工种之间的关系，科学地安排施工序列，以提升工作效率。

## 第一节　装饰施工组织设计基础

### 一、基本概念

施工组织设计作为一种对建筑施工作业进行系统规划的文件，其在工程实施中发挥着关键的指导作用。该文件细化了对建筑构想的实施步骤，确保了从设计到施工的顺利过渡。它不仅包括施工布局的策略性规划，也详细阐述了施工技术的实际运用，以及施工进度的合理安排。此外，为确保工程安全，该设计文件还制定了相应的保障措施。整体而言，施工组织设计为工程施工管理提供了一个全面而协调的规划蓝图。

### 二、设计内容

在装饰工程项目的施工实践中，典型的施工流程涵盖了一系列专业工程，诸如基础设施改良、水电设施安装、结构构造施工、表面涂饰作业以及设备安装等关键环节。此外，一个完备的单位工程往往不仅限于装饰施工本身，还包括诸如家具配置、装饰品陈列、日用品布置，以及水电暖卫系统设备、空调设施的安装等多个方面（图 2-1）。因此，施工组织设计必须针对工程特定属性进行细化，全面而深入地阐述施工项目的具体内容，以便简明扼要地表达施工需求。

### 三、设计规范

单位工程施工组织设计要根据《建筑施工组织设计规范》（GB/T 50502—2009）的要求进行编制和审批，并应符合下列规定：

(a) 家具陈设 　　　　　　　　　　　　　　(b) 厨餐用具布置

图2-1　装饰设计内容

（1）项目负责人应担任编制施工组织设计的主要领导，该设计应根据项目需求分阶段进行编制，并履行相应的审批程序。

（2）对于施工组织总设计，应由总承包单位的技术负责人负责审批；而在单位工程施工组织设计中，审批权归施工单位的技术负责人或其授权的技术人员所有。至于施工方案，则需由项目技术负责人审批。对于关键性、复杂性较高的分部（分项）工程及专项工程施工方案，应由施工单位的技术部门牵头，组织相关专家进行评审，并最终由技术负责人批准。

（3）在专业承包单位负责的分部（分项）工程或专项工程中，其施工方案应由该单位的技术负责人或其授权的技术人员审批。若有总承包单位介入，则需由其项目技术负责人进行核实并备案。

（4）针对规模较大的分部（分项）工程及专项工程，其施工方案的编制与审批应参照单位工程施工组织设计的模式和流程。施工承包单位审核通过后的施工组织设计，须提交至项目监理机构，由项目总监理工程师进行审查。只有在审查通过后，该施工组织设计方可投入实际应用。

### ★小·贴士——建筑装饰工程施工条件

在施工条件中，重点涉及施工所需的材料成品与半成品、各类施工机械设备、运输车辆、人力资源配置，以及施工企业的技术与管理水平。此外，现场临时设施的状况、装饰施工企业的生产效能与技术装备水平，以及特殊装饰材料供应链的稳定性等，亦是不可忽视的因素。这些多样化的条件因素，共同作用于施工过程的顺畅实施。因此，必须对这些因素进行全面的评估与整合，以确保工程项目的品质与施工进度得以满足预定标准。通过对这些关键要素的细致考量，可以促进施工活动的有序进行。

## 四、设计依据

### 1. 工程项目的批文和有关要求

上级建设管理机构针对特定工程发布的批文，涵盖了诸多关键要素，诸如装饰工程的设计规划书、投资概预算指标、资金投入计划、工程实施期限、施工技术规范、质量标准，以及设计图纸等。

### 2. 施工组织总设计

当单位装饰工程成为整个建筑装饰项目的一个组成部分时，必须依据项目的整体要求，制定出周全的单位建筑装饰工程的组织设计方案。

### 3. 企业的年度计划指标

企业针对特定工程所制定的年度施工计划，明确了工程的具体安排以及相关指标。

### 4. 地质与气象资料

在工程建设过程中，地质与气象资料作为重要信息资源，为决策提供了自然条件方面的支持。这些资料包括施工场地的地形与地质状况、水准点、交通条件、水源与电源情况，以及气温、降水等气象信息。

### 5. 材料供应

工程实施期间，确保材料、预制构件及半成品等供应的及时性、充足性和高质量，是材料供应管理的关键。

### 6. 施工资源配置

施工资源的配置涉及施工场地、水电供应、临时设施等多个方面，具体包括水源水质、电源供应量、变压器规格等关键细节。

### 7. 标准规定

国家及施工单位所制定的相关规定、规范和规程，是施工过程中的重要参考。其中包括不同地区和城市的操作规程、施工图集和定额手册等。

## 五、设计编制方法

在编制单位装饰工程施工组织设计时，应将装饰工程的类别、项目特性以及施工现场环境作为核心依据。编制流程的复杂程度因具体案例不同而有所差异，呈现出多样化的特点。

首先，项目管理的基础在于对项目图纸的完全熟悉与细致审查，以及对相关技术资料的搜集与深度分析。其次，精确计算工程总量是关键步骤，这有助于资源的合理配置。再次，选择适宜的施工技术和拟定细致的施工方案至关重要，其中涵盖了材料、人力及设备的部署。

此外，施工前的准备工作及保障措施的制定也不容忽视，包括临时生产和生活设施的设计。为确保施工进度和质量，必须规划施工期间水电供应的管线布局。同时，施工区域的平面布局设计以及必要时的建筑模型设计与制作，同样是施工组织设计不可或缺的组成部分。

在施工组织设计的最后阶段，对技术经济指标的详尽计算以及对施工组织文件的审核与调整，是确保项目高效推进的关键环节。通过这一系列的精心策划与周密安排，单位装饰工程施工组织设计得以全面优化。

# 第二节　施工准备工作

## 一、明确装饰施工程序

在建筑领域，装饰工程的施工必须遵循一定的逻辑顺序，以确保施工活动的内在规律得到充分体现。装饰工程的施工程序可划分为项目承接、计划准备、施工实施、竣工验收与交付使用等多个阶段。

### 1. 项目承接

在选择承包商的过程中，大型建筑项目通常依赖公开招标投标机制，或由建设单位（投资方）直接邀请具备承包能力的施工企业参与。目前，公开招标方式在实践中的应用更为广泛，它为所有符合条件的承包商提供了公平竞争的机会。这种做法不仅推动了施工企业技术水平的提升，还促进了管理模式的优化和技术标准的提高。

在施工任务确定之后，建设单位（投资方）与施工单位（承包方）须签订正式的施工合同。合同在双方法定代表人签字确认后立即生效，具备法律效力。合同中详细规定了施工的具体内容、质量要求、施工周期以及材料供应等关键条款，明确了双方在施工过程中所应承担的责任与需履行的义务。

### 2. 计划准备

施工单位将启动全面的施工准备工作。此阶段的核心任务是依据计划任务书进行现场勘察、设计工作，并做好相关前期准备，以确保施工计划的有效执行。这些准备工作包括但不限于空间测量、初步设计、施工图的绘制、设计概算的编制、设备订购以及年度计划的制定等（图2-2）。

(a) 空间测量　　　　　　　　　　　　　　　　(b) 初步设计

图2-2　计划准备工作

图（a）：空间测量要求准确，可以多人协作，精准记录测量数据，并将数据用于图纸绘制。

图（b）：初步设计内容比较简单，图面形式能直观反映装饰设计空间分配，注意设定真实的比例，方便后期调整修改。

### 3. 施工实施

在建筑项目的实施阶段，核心任务是依据技术规范和设计图纸开展建设作业，同时确保生产或运营的前期准备工作得到妥善落实，这对于项目建设的顺利推进至关重要。施工启动前，必须对设计图纸进行细致审查，制定预算以及施工组织设计方案，确立投资规模、施工进度和质量管理的具体目标。

### 4. 竣工验收与交付使用

施工过程中，恪守施工图纸的规定至关重要，且工程质量应依据质量评价标准进行严格验收，旨在保障工程的高品质交付。项目建设的最后环节是竣工验收，此环节涉及对施工成果的全面评价，以判定施工质量是否满足标准要求。在此阶段，建设方（即投资主体）与施工方（即承包主体）需对项目的整体性能进行全面审核和评价。

验收过程参照我国发布的强制性标准执行。一旦项目通过验收，应及时办理相关手续，以便工程能够进入正式运行阶段。这一系列措施的执行，旨在确保建设项目的成功实施和高效运营。

## 二、调查装饰企业资质

装饰企业的资质主要由装饰企业设计资质与装饰企业施工资质两大类别构成。企业资质作为一种综合性评价指标，涵盖了企业的技术能力、管理效率、行业经验、经营规模以及社会声誉等多个维度。我国政府实行企业资质管理制度，其核心目的是对市场准入实施严格而有效的监管。

### 1. 室内装饰企业设计资质等级与业务范围

（1）室内装饰企业设计资质等级（图2-3）。装饰企业设计资质的等级划分是对设计单位的等级进行核定时所遵循的标准。目前，设计资质分为甲、乙、丙三个等级。分级的主要影响因素如下：

图2-3　室内装饰企业设计资质等级

① 单位具备一定数量独立承担的工程案例，并且这些案例在规定造价范围内，没有发生过质量事故。

② 单位的社会信誉和经济实力也是重要的考核指标，包括其工商注册资本。

③ 单位具备一定数量的专职技术骨干人员，并合理分配专业领域，设计负责人应具备

相应的技术职称。

④ 是否参与过国家或地方设计标准、规范及标准设计图集的编制工作，是否参与过行业的公共建筑空间设计工作。

⑤ 质量保证体系包含健全的管理制度，包括技术、经营、人事、财务、档案等方面。

⑥ 达到国家建设行政主管部门规定的技术装备及应用水平考核标准。

⑦ 拥有固定的办公场所，并符合相关规定的建筑面积要求。

（2）单位性质及其业务范围（表2-1）。

表2-1 单位性质与业务范围

| 单位性质 | 业务范围 |
|---|---|
| 甲级建筑装饰设计单位 | 承担建筑装饰设计项目的范围不受限制 |
| 乙级建筑装饰设计单位 | 承担民用建筑工程设计等级二级及以下的民用建筑工程装饰设计项目 |
| 丙级建筑装饰设计单位 | 承担民用建筑工程设计等级三级及以下的民用建筑工程装饰设计项目 |

**2.室内装饰企业施工资质等级及其业务范围**

（1）室内装饰企业施工资质等级（图2-4）。装饰企业施工资质等级标准是核定建筑装饰施工单位资质等级的依据。其等级分为甲（一）、乙（二）、丙（三）级，其分级标准的主要依据如下：

① 企业承担过的规定造价的单位工程数量，且工程质量合格。

② 企业经理从事工程管理工作经历或具有的职称；总工程师从事装饰施工技术管理工作经历并具有相关专业职称；总会计师或财务负责人具有会计职称；企业其他工程技术和经济管理人员数量，且结构合理。

③ 企业注册资本和企业净资产。

④ 企业近3年的最高年工程结算收入。

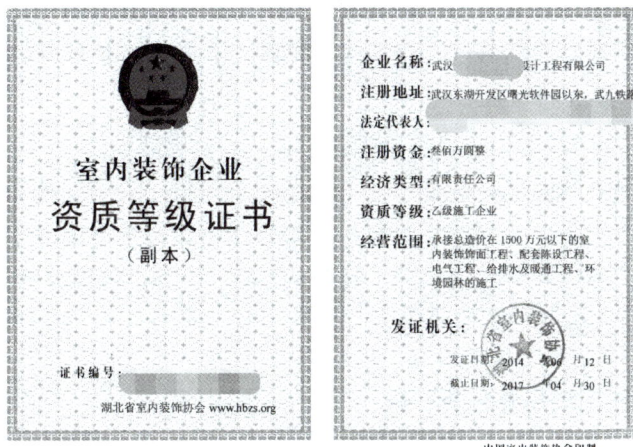

图2-4 室内装饰企业施工资质等级

（2）企业等级及其业务范围（表2-2）。企业的资质等级决定了其从事工程项目的范围，相应地也决定了其有多强的业务能力。等级越高，其工作的外环境就越广，生产空间就越大，一般来说其效益就相对较高。

表2-2　企业等级与业务范围

| 企业等级 | 业务范围 |
|---|---|
| 一级企业 | 可承担各类建筑的室内、室外装饰工程 |
| 二级企业 | 可承担单位工程造价1200万元及以下的建筑室内、室外装饰工程 |
| 三级企业 | 可承担单位工程造价60万元及以下的建筑室内、室外装饰工程 |

注：常规建筑装饰施工企业，如果没有办理建筑幕墙工程的承包资质，就不能承接建筑幕墙工程，因此上述表格中不包含建筑幕墙工程。

## 三、掌握装饰施工特点

### 1. 安全性

施工安全性是装饰工程的基本要求。在装饰施工的各个阶段，工艺流程的操作须始终以维护建筑结构的完整性为核心，确保施工过程的安全性。在此基础上，装饰施工的完成依赖于对装饰面层的设计与施工工艺的准确实施。

### 2. 规范性

装饰工程须遵循严格的规范标准。工程项目须选用符合质量标准的原材料及组件，且必须执行国家规定的施工工艺流程。施工与验收过程均需按照国家相关部门确立的标准执行，以保证工程质量在各个施工环节中得到有效监控和评估。

### 3. 专业性

装饰工程展现出高度的专业性。该领域涵盖了广泛的工程内容、漫长的施工周期以及大量的人力资源投入。伴随现代材料技术的飞速发展，预制构件在装饰工程中的应用比例逐年上升，体现了装饰工程的专业化发展。

### 4. 经济性

装饰工程的成本受到装饰材料及设备费用的直接影响。在一般建筑项目中，结构、安装和装饰的费用比例通常维持在 3 ∶ 3 ∶ 4。而在国家重点工程或外资项目中，装饰工程的投资占比可高达总投资的 60%。

### 5. 组织协调性

装饰工程的组织协调性至关重要。施工现场的空间狭小，施工期限紧迫，为了尽快投入使用并实现投资效益的最大化，承包商往往需要在质量与速度中寻求平衡，要求施工方在抢夺工期的同时，处理繁杂的工序和工种间的协调，以及频繁的材料和机具搬运，这些都对施工的组织与协调提出了极高的要求。

### ★小贴士——施工现场要有条不紊

施工现场管理的重要性不言而喻，为确保施工现场的有序性、工序之间的顺畅衔接，以及施工质量的达标，必须遵循一套精心设计的施工组织设计文件。该文件应辅以一套切实有效的科学管理策略，以对施工过程中的诸多要素进行精细化管理，涉及材料入场次序、存放定位、施工程序、操作技巧、工艺审核和质量评定的严格监控。此外，实时调度是必不可少的，以确保建筑装饰工程能够有序、有组织，且按既定计划高效推进。

# 第三节　确定装饰施工方案

在制定施工策略的过程中，必须基于实际情况进行深入分析，以确保所制定方案的有效性与精确度。在确保工程质量与施工安全的基础上，应严格遵循合同规定的完工期限，力求工程按计划完成，并尽可能实现提前交付。此外，采取合理且高效的措施以减少施工成本，是控制整体工程费用的关键。

## 一、设计要符合施工基本原则

施工设计应秉持"由内及外，由上至下"的基本原则，以完整展现设计效果。具体而言，"由内及外"是指在施工阶段首先进行基础处理，接着是装饰结构施工，最终完成外部装饰工程；"由上至下"则是指在设计阶段，首先设计顶部结构，其次是墙面，最后是地面布局。

在项目启动之前，确定施工顺序至关重要。此过程需综合考虑项目的持续时间、人力资源配置以及施工现场的具体条件。对于周期较长的建设项目，建议优先开展外部工程，待外部工程进入收尾阶段，再行开展室内施工；对于工期紧凑的工程，采取室内外并行施工的方法，以最大限度地缩短工程周期。

## 二、明确施工顺序

施工顺序是指各项工程施工的先后次序，必须遵循施工的总程序，并符合施工工艺、质量安全等要求。

### 1. 施工顺序

室内装饰的施工流程主要可归纳为三种模式：内先外后、外先内后以及内外同步进行。在选择具体施工策略时，必须依据室内装饰设计的复杂程度、预期工作量以及施工所需的时间长度，制订出一套详尽的施工方案。室内装饰工程涉及繁多的工序、较高的劳动强度以及漫长的施工周期，因此，合理确定施工顺序至关重要。

首先，施工应从基础工程开始，包括抹灰、饰面处理、吊顶以及隔断的构建；然后，进入门窗及玻璃安装环节；紧接着，进行涂料施涂和壁纸裱糊等表面装饰作业；最后阶段则专注于成品的安装与固定。室内装饰工程的一般施工顺序如图 2-5 所示。

### 2. 界面处理顺序

对同一空间内部的不同界面通常会采用两种处理顺序：一种方式是先对地面进行处理，然后是墙面与顶棚；另一种则是先着手于顶棚，再进行墙面与地面的处理。

## 三、正确选择施工方法与机具

### 1. 选择施工方法

在推进工程项目的过程中，必须对施工方法进行审慎选择，以确保工程进度和质量。

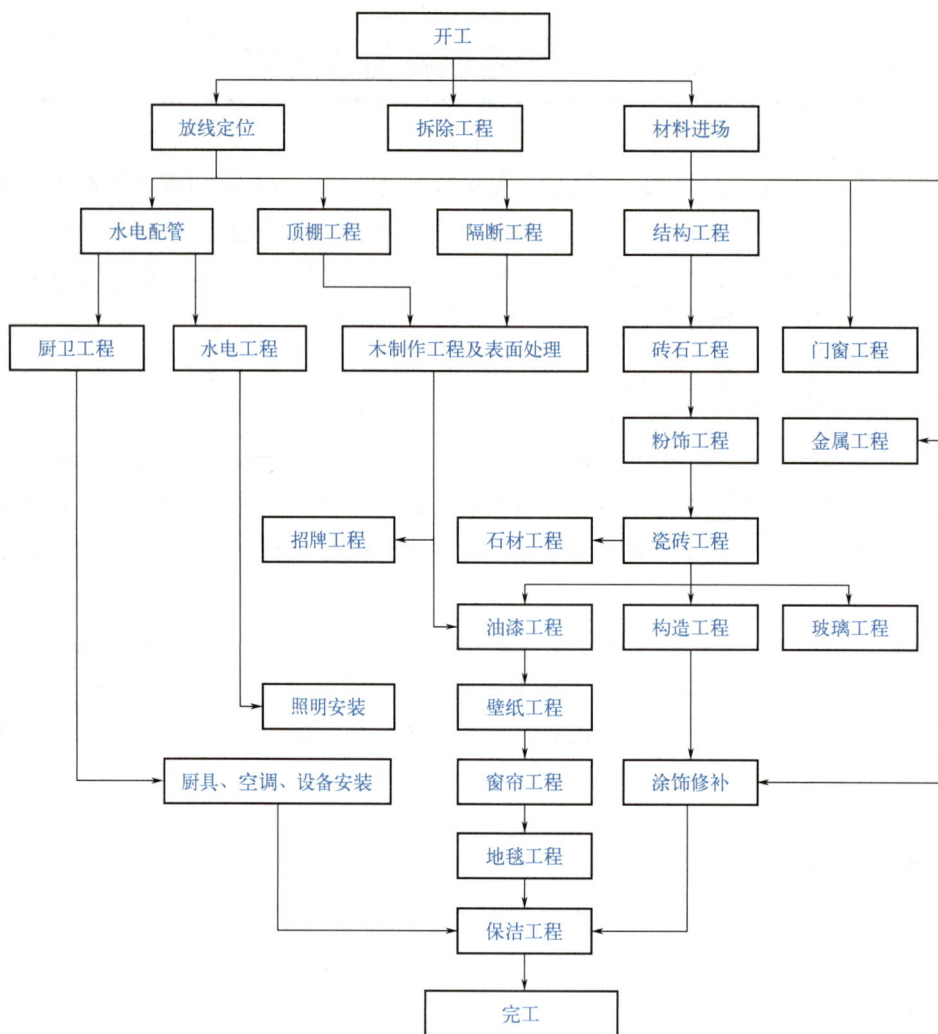

图2-5 室内装饰工程施工顺序示意图

首要之务,是对那些尚未熟悉或具备特殊性的施工技术投入充分的关注,并确立相应的执行规范。在此基础上,通过深入分析施工详图,精准掌握内外装饰工程的建设步骤,合理安排干湿作业及管线布设的次序,以降低混乱和返工的风险。

进一步建立和完善样板制度,为施工人员提供明确的工作准则。关于材料管理,应根据项目的具体需求和质量标准进行选择,确保采购流程的透明度,以规避不合格材料的混入。对于施工团队已经熟悉的常规装饰工程,仅需指出特殊的注意事项。

**2. 选择施工机具**

施工机具的合理选择对于提升施工效率、保障工程进度和质量具有关键作用。依据不同装饰工程的特定要求,选择适宜的机具,有助于施工目标的顺利实现。在施工现场,采用多功能、一机多用的综合型机具,以便于维护和管理。同时,还需充分考虑装饰结构的独特性,以使机具的使用效能最大化。例如,在执行涂料弹涂作业时,可以选择手动与电动弹涂器交替使用,以适应不同的施工需求(图2-6、图2-7)。

图2-6  手动弹涂器

图2-7  电动弹涂器

图2-6：当弹涂面积小或局部进行弹涂施工时，宜选择手动弹涂器。

图2-7：电动弹涂器工效高，适用于大面积彩色弹涂施工。

# 第四节  编制施工进度计划

装饰工程施工进度计划要根据装饰工程施工方案、工期、工艺顺序等资料进行编制。

## 一、功能

施工企业在领导层面实施装饰工程施工进度计划，对于全局的统筹规划具有重要意义。此计划能够优化人力资源与物资配置，并准确指导施工生产的各个环节。在建筑项目实施过程中，编制一份详尽的施工进度计划是确保项目顺利推进的关键。该计划的主要功能如下：

首先，一份恰当的施工进度计划有助于工程按时交付，预防进度延误，并有效控制成本投入。其次，该计划为装饰工程制定了清晰的施工步骤和时间表，保障了各个施工阶段的有序进行。此外，通过施工计划，企业能够对人力、物料、设备等资源进行合理分配，从而提升资源的使用效率。最后，施工进度计划还可以确保各个施工工序的顺畅衔接，进而提高整体的施工效率。值得注意的是，该计划不仅是施工企业进行计划管理的工具，同时也为部门编制月度、季度计划提供了基础依据。

## 二、编制原则

在工程项目的实施过程中，必须依据项目的特定要求和施工企业的实际能力，如施工技术、设备状况以及人力资源的配置等，对施工过程进行系统的战略规划，施工进度计划执行原则如下：

（1）施工流程的规划与进度安排必须严格执行，以保障合同所规定的工期目标得以实现，并且在条件允许的情况下，应尽可能实现提前完工。

（2）施工进度计划应综合考虑多种影响施工效率的因素，积极创造有利条件，促进各施工阶段的协调与交叉作业，进而提高施工效率，加快项目整体进度。

（3）施工进度计划的制定需全面考虑地域自然环境、物资设备供应等条件对施工的影响，同时高度重视安全施工与文明施工的标准。

（4）根据施工需求，适时引入先进的技术和设备，加强对施工人员专业技能的培训，以提升施工技术含量和施工质量。

（5）对施工过程中可能遇到的风险因素进行全面评估，并预先制定相应的风险防范与应对策略。

## 三、编制步骤与方法

### 1. 编制步骤

（1）收集并整理相关项目资料。

（2）设定明确的进度控制目标。

（3）对工程量进行详细计算。

（4）确定各项工程的工期。

（5）梳理并确定施工流程。

（6）根据以上步骤编制施工进度计划。

### 2. 编制方法

横道图作为一种广泛应用的技术手段，其核心在于通过水平线段直观地展示各施工阶段的起始与结束时间。该图表将各个工程环节的时间节点以线条形式连接，从而构成了完整的施工进度计划。制作此类图表的过程较为简单，其表述方式亦清晰易懂，有利于进行资源的估算、审核以及现场施工的监控。在施工管理的实际操作中，横道图（表2-3）的优势尤为突出，对工程进度的掌控与优化起到了关键作用。

表2-3　施工进度计划表（案例）

| 阶段名称 | 阶段进度 | | | | | | | | | | | | | | | | | |
| --- | --- | --- | --- | --- | --- | --- | --- | --- | --- | --- | --- | --- | --- | --- | --- | --- | --- | --- |
| | 2023年 | | 2024年 | | | | | | | | | | | | | 2025年 | | | |
| | 11 | 12 | 1 | 2 | 3 | 4 | 5 | 6 | 7 | 8 | 9 | 10 | 11 | 12 | 1 | 2 | 3 | 4 |
| 前期准备 | ▬ | ▬ | ▬ | | | | | | | | | | | | | | | |
| 设计 | | | ▬ | ▬ | ▬ | ▬ | ▬ | | | | | | | | | | | |
| 施工 | | | | | | | | ▬ | ▬ | ▬ | ▬ | ▬ | ▬ | ▬ | | | | |
| 竣工初验 | | | | | | | | | | | | | | | ▬ | ▬ | | |
| 竣工验收备案 | | | | | | | | | | | | | | | | | ▬ | ▬ |

## 四、注意事项

### 1. 明确物资供应方式

施工过程中，物资的供应方式可根据供应渠道的差异划分为国家计划分配与市场自主采购两大类别。进一步地讲，采购方式包括建设单位直接采购、专业物资采购部门以及施工单位独立或协作采购。在此背景下，监理工程师肩负着协助建设单位制定周全的物资供应计划，并对施工单位及专业采购部门的采购方案进行严格审查的重任。

### 2. 制定物资需求计划

在物资需求计划的制定过程中，承包商需依据投资方提供的物资信息，结合施工图纸、预算定额及工程进度计划，准确确定所需物资的数量。此计划应详尽列出装饰材料与设备的种类、型号、规格、数量以及供应时间，以确保物资及时到位。

### 3. 制定物资储备计划

在装饰工程实施过程中，供应的材料通常涉及大量的品种和类型。某些具有易燃和放射性的特殊材料（如石材、涂料等），或体积、重量较大的物品，其储存与运输需要特定的条件，这些条件可能会增加运输难度和成本。因此，在拟定物资储备计划时，必须充分考虑到这些特殊需求，确保拥有适宜的仓储设施和场地，并采取必要的安全预防措施，以规避潜在的安全风险。

# 第五节 做好资源调度计划

## 一、准确估算人力用量

为确保工程项目的顺畅执行，必须依据施工方案、整体进度安排以及关键分部与分项工程的进度规划，综合考虑实际施工量，以精确估算所需的人力资源（表2-4）。在装饰工程领域，工作分工极为精细，对工人技能水平的要求也相对较高。必须针对工程的具体需求，精心挑选适宜的施工班组，并对之进行相应的技能提升培训。

表2-4 人力用量计划表（案例）

| 序号 | 工种名称 | 需要人数（最高峰）/个 | 2024年各季度人数/个 | | | | 现有人数/个 | 多余人数/个 | 不足人数/个 |
| --- | --- | --- | --- | --- | --- | --- | --- | --- | --- |
| | | | 一季度 | 二季度 | 三季度 | 四季度 | | | |
| 1 | 电工 | 12 | 3 | 5 | 12 | 8 | 15 | 3 | — |
| 2 | 泥工 | 25 | 12 | 15 | 25 | 18 | 13 | — | 12 |
| | …… | | | | | | | | |

## 二、准确估算材料运输量

在高层建筑装修领域，所需物资的体积多样，导致其计量单位各有不同，如吨、件、立方米等，故必须采用多样化的计算手段以保证计量的精确性。运输途径涉及铁路、公路、航空等多种方式，而在估算总体运输量时，不可避免地要计入一些不可预知的因素，例如建筑废料的运输量。主要材料、成品、半成品运输量计划表（案例）见表2-5。

鉴于施工场地的地理环境及施工条件的差异，运输的频次与时间安排亦需经过周密考量。例如，在大型都市或繁华商业区域，由于交通限制，建筑材料可能仅在夜间才能运送至工地，同时建筑废料的移除也需在此时段内完成。此外，垂直运输的距离和效率亦是高层建筑装修工程中不可忽视的要素。依据材料的体积、尺寸、重量以及电梯的承载性能，合理规划垂直运输的作业流程，以确保施工顺利进行。

表2-5　主要材料、成品、半成品运输量计划表（案例）

| 序号 | 主要材料、成品、半成品名称 | 单位 | 数量 | 装货点 | 卸货点 | 距离/km | 运输量/次 | 运输方式 | | | 备注 |
| --- | --- | --- | --- | --- | --- | --- | --- | --- | --- | --- | --- |
| | | | | | | | | 水路 | 公路 | 铁路 | |
| 1 | 水泥 | 吨 | 8 | 水泥厂 | 施工现场一楼 | 12 | 1 | — | √ | — | 存放期20天 |
| 2 | 木芯板 | 张 | 350 | 建材市场仓库 | 施工现场一楼 | 16.5 | 3 | — | √ | — | 存放期60天 |
| | …… | | | | | | | | | | |

## 三、选择合适施工设备

### 1. 主要施工设备

在施工前期准备阶段，依据工程项目的施工方案、施工进度的规划、工程总体量的评估以及所需材料类型的筛选，需精确计算出垂直与水平运输的物资量。基于这些数据，进而制定出施工机械及设备的使用规划，见表2-6。该规划应详细涵盖各类机械设备的数量需求，并明确标注其功率，同时对供电系统的承载能力进行综合评估。

中小型机械及便携式电动工具的配置亦应被纳入施工组织设计之中，其重要性不容忽视。确保主要施工设备的选择与配置能够满足施工需求，对于保障整个施工流程的顺畅与高效至关重要。

表2-6　主要施工机具、设备用量计划表（案例）

| 序号 | 设备名称 | 规格型号 | 功率/W | 数量/台 | | | 购置价格/元 | 使用时间 | 备注 |
| --- | --- | --- | --- | --- | --- | --- | --- | --- | --- |
| | | | | 单位数 | 需用数 | 库存数 | | | |
| 1 | 空压机 | 科麦斯KM160L | 1490×4 | 3 | 3 | 4 | 4210 | 2024年3月 | |
| 2 | 喷涂机 | 普田PT980A | 6500 | 2 | 2 | 2 | 11820 | 2024年5月 | |
| | …… | | | | | | | | |

### 2. 大型临时设施

在设计大型临时设施时（表2-7），应优先考虑施工的具体部署和方案，以此为基础，合理规划生产与生活所需的临时性建筑。诸如临时性生活与生产用房、便捷的临时道路，以及必要的水电供应和供热系统等，均为规划中的关键要素。尤其在主体建筑结构施工与装修工程同步进行的情形下，最大限度地利用施工过程中主体结构所依托的临时设施至关重要。例如，可考虑重复利用施工时所配备的升降机械、混凝土搅拌设备、水泥储存装置以及各类建筑材料存储仓库等。此类策略不仅有助于降低工程成本，同时也能提高资源利用效率。

表2-7　大型临时设施用量计划表（案例）

| 序号 | 设备名称 | 规格型号 | 功率/W | 数量/台 | 费用/元 | 使用时间 | 装备时间 | 作业方式 | | 备注 |
| --- | --- | --- | --- | --- | --- | --- | --- | --- | --- | --- |
| | | | | | | | | 陆地 | 高空 | |
| 1 | 搅拌机 | 华泰JZM650 | 5500 | 1 | 22800 | 2024年3月 | 2024年3月 | √ | — | |
| 2 | 吊机 | 劲友1000A | 3500 | 2 | 2300 | 2024年5月 | 2024年4月 | — | √ | |
| | …… | | | | | | | | | |

# 第六节　施工平面图

在装饰施工过程中，施工平面图扮演着至关重要的角色，它依据装饰工程的大小、施工策略、施工进度以及现场实际状况进行绘制，旨在为施工提供详细的视觉指导。

## 一、施工平面图绘制依据

### 1.临时设施

在总平面图的基础上，确定临时设施的平面配置，同时充分考虑现有管道设施的利用，以避免增设不必要的管道路线。若临时设施对施工流程产生不利影响，则必须采取相应的措施进行解决。

### 2.施工资料

施工资料涵盖了施工方案、施工技术以及施工进度计划等关键信息。基于这些资料，制定详尽的施工进度计划，明确材料和设备进场的时间节点以及存放地点，并制定出科学合理的施工技术方案。

### 3.装饰工程性质

无论是针对整体改造还是针对局部装修项目，设计师都应依据空间利用潜力进行细致的布局与规划。尤其在装饰工程涉及新建设施的情况下，必须依托现有的土木建设施工平面图进行适当的调整和增补，以确保设计方案既满足实际的空间需求，同时也能实现预期的设计效果。

### 4.原始资料

施工现场的基础资料，包括生产与生活状况、所处的地理位置、气候特征、交通及运输状况，以及供水供电条件等，均为决定现场布局的关键因素。根据这些条件，确定易燃易爆物品仓库的合理位置、临时生产生活设施所占用的区域，以及防水、防冻材料的存放地点。

## 二、施工平面图内容

进行装饰工程施工平面图设计时，必须认识到其与装饰工程本身的特性、项目规模、施工环境以及施工策略之间存在着紧密的联系。设计过程中，应全面考量现实条件，以下为设计内容的具体要素。

首先，在施工平面图的绘制过程中，对在建或计划建设的永久性建筑要素，如地面及地下管线等，应进行精确的标记。此外，还需明确标定废土及垃圾的存放区域。在施工图纸上，垂直运输设备、脚手架的具体设置位置应详细标明。同时，施工过程中所需的临时设施，如材料仓库、堆场等，也应进行标注。

施工平面图还应包括行政管理办公区域、临时水电线路、通风管道及防火系统的标注。此类标注对于保障施工过程的高效、安全至关重要，有助于提升工程的整体效率。

## 三、施工平面图设计原则

### 1. 便于生产、生活

在规划临时设施时，应避免对主体工程造成不利影响，同时力求缩短工作区与生活区之间的通勤时间。在保障安全的基础上，居住区域应尽可能地接近施工区域，以减少工人的往返距离，从而提高整体工作效率。

### 2. 降低临时设施费用

为充分发挥现有空间或建筑物的使用价值，应尽可能地减少对管线布局以及公共设施的调整和迁移，以此降低临时设施的经济支出。

### 3. 满足防水防火安全要求

在设置临时设施时，必须配备必要的消防设备，特别是针对存放易燃材料如纸品、木料的库房和加工场所。对于需要特殊防水、防潮处理的环境，例如潮湿区域的仓储设施，应采取相应的维护措施，以避免材料损坏。

### 4. 降低运输费用

在装饰材料的管理中，合理规划存储空间对于提升物流效率和降低成本至关重要。应确保装饰材料、半成品和成品尽可能地存放于其使用地点附近，以简化物料运输流程，并最大限度地减少由于物料重复搬运而增加的额外费用。

## 四、施工平面图布置设计

### 1. 起重运输机械布置

在施工现场的总体设计中，合理布置起重运输机械的位置至关重要。这一环节不仅影响搅拌机的位置安排，还会对加工区、物料储存区、运输线路以及临时水电供应和管线排布产生深远影响。因此，将起重运输机械视为布置工作的核心，其位置规划应优先考虑。

### 2. 加工区与材料堆场、仓库布置

对于加工区与材料堆场、仓库的布置，必须综合考虑其与主要施工区域的紧密联系，确保材料存放的安全性与便捷性。将加工区设定在宽敞的中央地带，并在其周边规划出充足的材料堆场空间，以便加工活动顺利进行。较重的板材应置于支撑墙体附近；而对湿度敏感的材料如涂料和壁纸，则应存放于干燥通风的位置，并避免与易燃物品混合存放，同

时考虑风向因素以降低火灾风险。材料堆场和仓库的面积应控制在施工面积的 5% 以内，以实现空间的合理利用。随着施工进程的推进，加工区的位置也应相应调整，以适应不同材料和构件的存储与加工需求。

### 3. 现场运输道路布置

（1）运输路线的规划应基于实际应用场景与搬运构件的具体需求，其布局设计应优先考虑紧邻仓库及堆场，以确保运输过程的直接性和效率性。

（2）在利用永久性道路时，施工前应优先完成道路上层结构的铺设。室外的单行道，宽度不得低于 3m；而双行道则需保证宽度至少为 5.5m。在规划现场道路时，必须确保车辆行驶的畅通及转向灵活，以防止交通拥堵。

（3）依据现场的具体环境，道路应环绕建筑物形成环状布局，以便运输车辆进行便捷的回转与掉头。此外，运输道路应设有两个以上的出口，并在末端规划停车场。

（4）考虑到地形特征，应在道路两侧设置排水系统，以实现雨水的有效排放，避免积水导致的道路损坏。排水沟的深度不应小于 0.4m，底部宽度不应低于 0.3m。

### 4. 办公、生活和服务性临时设施布置

（1）在操作过程中，必须保障施工人员操作的便捷性，同时确保施工进度不受影响，并且满足相关的安全与防火规范要求。

（2）对于办公场所的设置，应将其置于施工场地的关键入口位置，以便监理人员能够随时监控施工区域的活动。此外，工人的休息区域应靠近其工作区域，以减少不必要的行走距离。员工宿舍则应位于上风向，以减轻施工活动产生的噪声及空气污染对居住环境的影响。同时，门卫与收发室应设于工地入口，以有效阻止无关人员进入施工区域，从而减少安全隐患。

（3）针对现有工程设施的利用，应执行精确的计算与规划，合理确定使用面积，以此达到节省临时设施成本的目的。通过这种方式，可以优化资源分配，提升工程的经济效益。

### 5. 施工供水管网布置

（1）在规划临时给水系统时，需精心布局管道网络，以缩短总体长度。管径及给水装置的数量应根据项目规模，经过严密的计算过程来设定。至于管道的安装方法，无论是选择地下埋藏还是地面铺设，均需考虑当地的气候特点和管道使用期限。

（2）大型施工区域应配备适量的消防装置。消防栓与建筑物的间距应控制在 5 ～ 25m 范围内，且与道路边缘的间隔不应超过 2m。如条件许可，可借用现有城市或建设单位的消防资源。

（3）为应对可能出现的供水中断情况，建议在户外构建临时蓄水池。该蓄水池用于储存一定量的生产及消防用水，以确保用水高峰期时供应充足。在水压不足的情况下，应配备高效的高压水泵或抽水装置，以维护供水系统的持续稳定运行。

### 6. 施工供电布置

（1）关于供电设施的空间布局，必须确保架空配电线路与施工建筑物之间保持至少 10m 的水平间隔，同时与地面保持至少 6m 的高程差。在架空线路需横跨建筑物或其他临

时性设施的情况下，其垂直距离应不低于 2.5m，以保障安全。

（2）在配电线路的规范布置方面，建议将现场线路优先架设于道路一侧，并维持其水平状态，以减少电杆承受非均衡压力的风险。对于低压线路，电杆间的距离应控制在 25 ～ 40m 范围内。此外，分支线和引入线均应自电杆处起始布线，避免在电杆之间进行接线作业。

（3）针对单位工程施工期间的电力使用，应在工地施工平面图中进行专门设计。若工程为扩建性质，则需预估施工期间的用电负荷。为确保电力供应的可靠性及安全性，变压器或变电站应位于施工现场高压线接入点的邻近位置，并围绕该区域设置铁丝网隔离带。同时，变压器的安装位置应避开交通要道，防止对车辆和行人的正常通行造成干扰。

### ★小·贴士——施工平面图管理

在施工平面图设计完成后，为确保设计理念的有效执行与施工成果的优化展现，必须严格遵循其设计宗旨。此举旨在促使设计效果得到充分体现，同时保证施工流程的顺利进行。为此，应对建筑材料、构件以及机械设备等物质资源实施严格的管理，对它们的存放空间、使用时间及占地面积进行合理规划，杜绝任意堆放或混乱放置现象。

未经相关部门的明确许可，严禁擅自挖掘道路、干扰交通秩序，亦不得私自拆除建筑结构或破坏水电供应设施。若施工过程中确实需要暂停供水、供电或道路通行，则必须提交正式申请，获得审批机构的同意后方可执行。

在施工过程中，如遇非常规状况，应及时对施工平面图进行调整与修订，以维护其设计的合理性。与此同时，对于临时搭建的设施，应定期进行细致的检查与必要的维护工作，同时明确界定相关责任部门及其负责人员，以确保施工安全与管理效率。

## 五、施工平面图绘制

### 1. 确定图幅与绘图比例

绘制施工平面图时，必须精确选定图纸的幅面大小及其比例，以兼顾精确性与实际操作需求。在选择时应基于项目的规模、施工场地的大小以及待展示的布置细节进行综合考量。常规情况下，宜采用 1 号或 2 号图纸，比例通常设定为 1∶500 或 1∶1000。

### 2. 合理规划和设计图面

施工平面图的绘制不仅需明确展现现场的详细布置，还应准确描绘施工区域周边环境。因此，在绘图过程中，应合理安排图面布局，预留充足空间以便于指北针、图例及文字注释的清晰展示。

### 3. 绘制总平面图

在图面上依次绘制出经过现场测量的方格网，现有建筑物、构筑物、道路，以及计划建设的工程项目等要素，形成总平面图。

### 4. 绘制工地需要的临时设施图

依据施工要求，准确计算工地面积，并在图面上标注道路、仓库、材料加工区以及水电管网等临时设施。对于设计复杂的项目，可先制作物理模型以预演设施布局。

## 5. 形成施工平面图

经过对比分析及调整，完成施工平面图的绘制，并添加必要的文字说明、图例，以及比例尺和指北针。最终成果需确保比例精确无误，图例符合规范，线条明确，字迹工整，且图面整体整洁美观（图 2-8、图 2-9）。

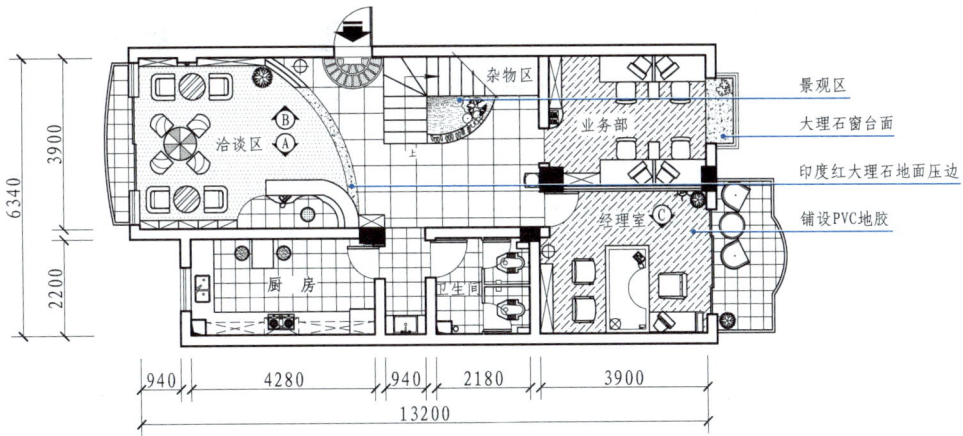

(a) 一层平面设计图

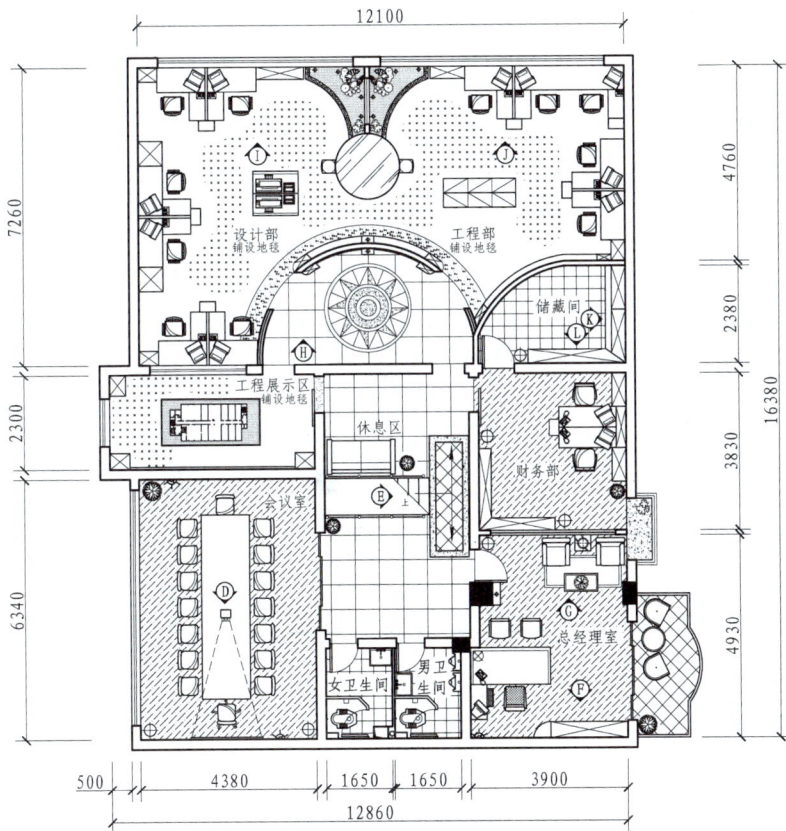

(b) 二层平面设计图

图2-8　平面设计图

图2-8：这是一套办公空间平面布置图，分为上下两层，一层为管理办公区，二层为业务办公区，功能分区明确，形式多样。

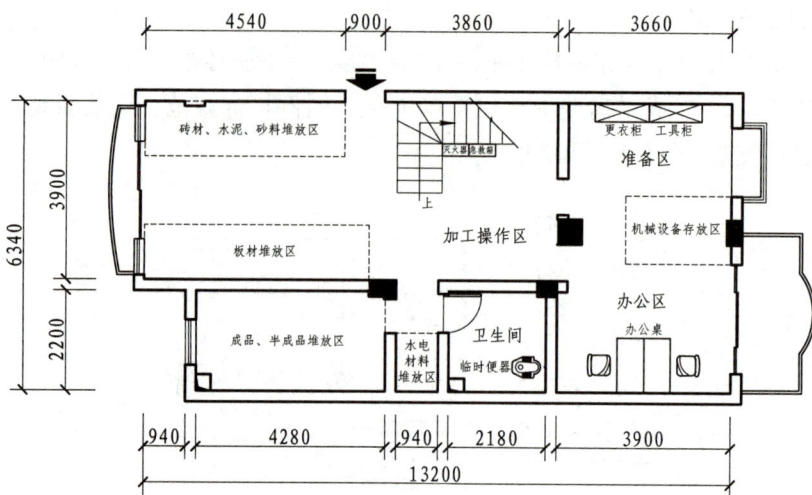

**(a) 一层施工平面图**

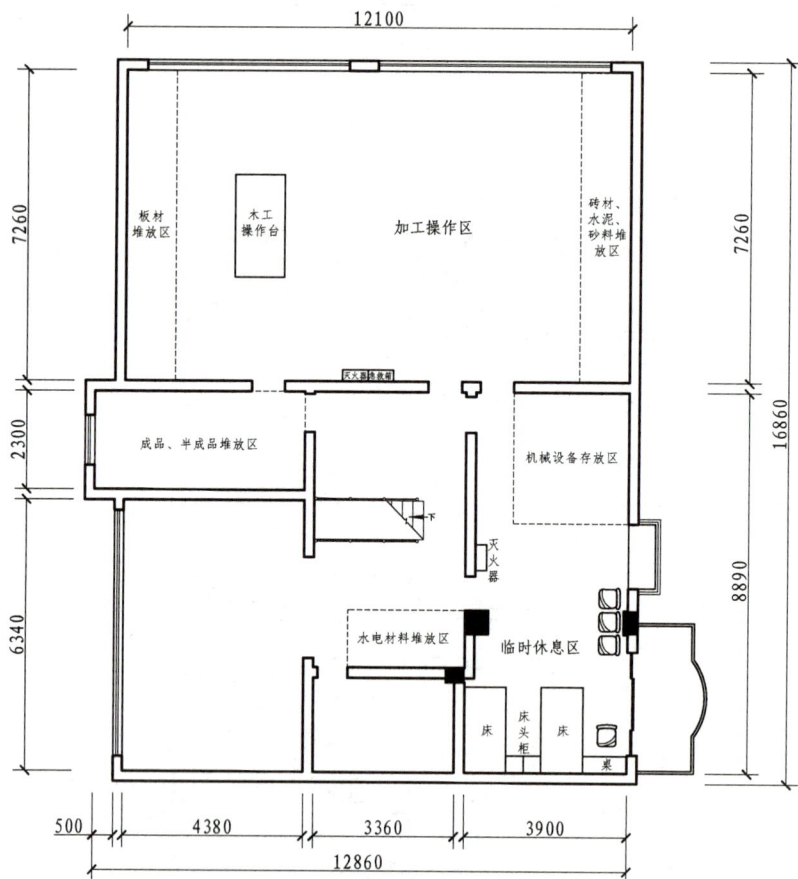

**(b) 二层施工平面图**

## 图2-9 施工平面图

图2-9：在室内装饰工程施工的筹备阶段，合理规划施工现场的空间布局至关重要。施工现场需被细化为多个功能区域，以适应不同的施工需求。项目工程涉及的区域包括但不限于板材堆放区，砖石、水泥、砂料堆放区，机械设备存放区，以及加工操作区等关键施工区。除此之外，尚需配置临时卫生间、办公区、更衣柜、设备柜和临时休息区等辅助功能分区，以适应操作、办公及休息等多种需求。

## 小结

　　本章主要阐述了装饰施工组织设计的策略规划，内容涵盖了施工方案的拟定、施工进度的安排、进度计划书的编制，以及所需资源的配置计划和施工平面图的绘制。在施工组织设计中，施工进度计划占据核心地位，它是施工进度控制的基准，确保施工在期限内完成，并为关键施工环节的顺利实施提供方向。一个周密的施工进度计划，对于提升施工效率、控制成本、确保工程质量等方面具有决定性作用。施工组织设计的各项任务，均应围绕施工进度计划进行合理的部署与调整。

## 课后练习题

　　1.装饰工程施工的准备工作有哪些？

　　2.请说明各级别装饰企业能承接的业务范围。

　　3.装饰施工进度计划应当如何编制？

　　4.施工进度计划编制的主要步骤有哪些？

　　5.如何确定装饰施工方案？需要遵循哪些流程？

　　6.装饰施工中主要材料运输量应该怎样计划？

　　7.装饰施工时应当如何选择施工顺序？顺序错乱会造成什么后果？

　　8.如何计算装饰施工中的人力需用量？

　　9.请简要概述施工进度计划对装饰施工组织设计的意义。

# 第三章

# 装饰工程技术管理与项目管理

> **学习难度：** ★★★★☆
> **重点概念：** 管理措施、项目管理、信息管理、文明施工、竣工验收
> **章节导读：** 施工管理作为装饰工程的核心组成部分，承担着监管职责，其重要性体现在对工程质量的保障、项目验收的顺利进行以及作业人员的安全防护等方面。为确保工程质量达标、节约资源，并实现工程周期缩短与成本控制，必须采取科学且适宜的管理方法。在施工过程中，管理环节的作用不容忽视，它不仅关乎施工的顺利进行，同时也是保障施工质量的关键所在。通过对施工管理的优化，可以进一步提升工程项目的整体效益。

## 第一节　技术管理概述

### 一、基础概念

在施工过程中，装饰工程技术管理承担着对各类技术活动实施科学化、系统化监督与调控的任务，其核心目的在于保障施工活动顺畅进行。通过对此管理模式的运用，施工过程中的诸多环节得以精确控制，进而确保工程项目的安全性、效率性以及品质性得以全面提升。

该管理模式对施工流程中各个阶段的技术操作实施有序管理，从而在本质上提升了工程实施的质量与效率。技术管理在装饰工程中占据重要位置，施工离不开技术，技术离不开管理，装饰工程技术管理不仅能够对施工进度进行有效监控，而且能够优化资源配置，确保项目的每个细节都得到妥善处理，从而促进工程目标顺利实现，如图 3-1。

技术管理涉及的各方如下。

#### 1. 建设方

装饰工程项目中，负责投资及发起的甲方，即建设方或建设单位，是项目启动的源头。在合同书中，该方以甲方身份亮相，亦被通称为资方。项目经理是建设方中的关键领导人物。

#### 2. 承建方

实施装饰工程的乙方，即承建方或施工单位，负责将设计转化为现实。在合同中，此方以乙方身份存在，亦称劳方或承包单位。其管理阶层由项目经理及具备专业资质的建造师构成。

(a) 钢结构涂刷防锈漆　　　　　　　　　　(b) 钢结构装饰涂刷饰面漆

图3-1　技术管理

图3-1（a）：钢结构焊接完成后要在第一时间涂刷防锈漆，防止在存放过程中生锈腐蚀。

图3-1（b）：钢结构装饰制作完成后，还需要在防锈漆的基础表面继续涂刷饰面漆，防止防锈漆被破坏。

### 3.监理方

担任工程质量监督的监理单位，被称为监理方，是确保工程标准得到遵循的关键角色。在特定合同中，监理方以丙方的名号出现。监理工程师是该方的核心负责人。

### 4.设计方

设计单位即设计方，负责工程项目的整体设计规划。在部分合同文本中，设计方可能以丙方或丁方的身份出现。该单位的领导者是总设计师，负责指导设计的整体方向。

## 二、存在意义

在进行装饰工程技术管理的过程中，必须确保遵循党和国家制定的技术政策与法规，严格按照国家和相关上级部门颁布的技术规范与操作程序进行。技术管理活动应当以科学化手段展开，旨在增强建筑装饰施工企业的技术管理水平。此外，积极探索并融入先进技术，持续创新传统技术手段，对于提升施工效率、保障生产安全、促进节能减排以及降低生产成本具有重要作用。

## 三、主要内容

技术管理的内容可以分为基础工作和业务工作两大部分。

### 1.基础工作

基础工作（表3-1）是指技术管理活动开展前的准备工作，为后续技术管理活动的成功开展创造基本条件。

表3-1　基础工作

| 工作名称 | 工作内容 |
| --- | --- |
| 明确需承担的责任 | 施工技术传达、教学，紧急情况处理，事故承担等 |
| 原始文件记录与管理 | 现场施工日志记录，工作场景拍摄存档，施工构造文字、图片记录等 |

### 2. 业务工作

业务工作（表3-2）是指在技术管理中展开的一系列业务活动，规划性和组织性较强。

表3-2　业务工作

| 工作名称 | 工作内容 |
|---|---|
| 技术准备 | 图纸会审、编制施工组织设计、技术交底、材料技术检验等 |
| 技术管理 | 技术复核、质量监督、技术处理等 |
| 技术开发 | 施工技术革新、技术引进、技术改造等 |

## 四、发展状况

目前我国建筑装饰工程领域存在着在现场施工中技术资料管理不规范的问题。这些技术资料不仅是施工、竣工以及项目备案的关键环节，也是工程后续维护与管理的重要参考。工程技术管理人员有责任积累丰富经验，提高对装饰工程技术及其资料管理的专业能力，确保所有工程资料都能得到系统整理和归档，进而保障工程项目在完成后能够顺利通过备案程序。

随着现代装饰技术的持续发展，专业人员需紧跟新材料、新工艺的最新动态，通过不断学习来掌握前沿技术，以便在施工现场能够灵活地应对多样化的挑战。这不仅涉及技术层面的更新，也要求在管理实践中不断探索和优化，以实现装饰工程技术管理水平的全面提升。

# 第二节　技术管理方法

装饰工程技术管理主要分为以下几步。

第一步：明确管理制度；

第二步：分析装饰功能；

第三步：完善准备工作；

第四步：强化技术措施；

第五步：做好成品保护；

第六步：控制施工环境。

下面详细介绍技术管理方法的具体内容。

## 一、明确管理制度

### 1. 图纸审查制度

在工程启动前，统一审查施工图纸的过程被称为图纸审查制度。此程序旨在深入解读设计师的意图，确立施工所需遵循的技术规范，并排查图纸中潜在的遗漏或错误，以预防技术失误导致的安全事故，避免不必要的经济损失。此举对于提升工程质量和施工效率、确保项目投资安全至关重要。

### 2. 施工交底制度

施工前，项目施工负责人须向施工团队逐级传达工程技术关键信息，确保施工人员对项目规模、目标及特性有全面的认识。传达内容涵盖施工任务、工艺流程、质量标准及安全文明施工措施，以保障施工合规，满足项目质量与进度的双重要求。

### 3. 材料检验制度

在施工过程中，所有投入使用的材料、配件和设备均需具备供方部门出具的合格证明及检验报告。投入使用前，材料必须依照规定进行抽检，新材料还需经过技术鉴定并符合标准，方可应用于工程。

### 4. 技术审核制度

为防止现场施工出现重大错误，施工企业应制定现场技术审核制度，明确技术审核的具体内容。

### 5. 施工日志制度

施工日志是技术负责人记录的工程施工日常动态，其详尽的记录对于技术管理水平的提升至关重要，同时也是提高施工质量的重要参考。

### 6. 质量检查和验收制度

建立工程质量检查与验收体系的目的在于强化施工质量控制，有效避免施工过程中的质量风险，防止质量隐患的产生。此外，该体系还提供了工程等级评定的数据支持，并促进了技术资料的积累。

### 7. 资料管理制度

施工资料管理体系的建立旨在加强资料管理，对施工过程中产生的技术资料进行有序整理和归档，包括图纸、文档、音视频文件等，从而提高资料管理效率，以满足工程后期运行与维护的需求，优化工程的整体品质和运营效能。

---

### ★小贴士——施工日志的内容

1. 在工程日志中，应详尽记录项目的启动与完工日期，并对各主要施工阶段的起始与结束时间进行系统标注。对于工程计划的任何调整，均需记录其具体变更日期和变更内容。

2. 对于工程测量的详细情况，应予以明确记录，涵盖相关的技术文件和技术交底等关键信息。

3. 工程筹备阶段的各项准备工作，包括临时设施搭建、水电供应、人力资源配置、机械设备及材料供应的规划，以及对施工图纸的审核记录、施工现场关键坐标点的标记，均需详细备案。

4. 对投入工程的材料、半成品和成品进行质量检验与试验，并详细记录主要材料与设备的到货情况。

5. 工程的自检与专业检查情况，特别是对隐蔽工程的相关记录，应全面而详尽。

6. 记录工序间的交接过程，以及建设方、承包方和监理方代表在施工现场确认的重要事宜。

7. 对施工现场的进度进行精确记录，包括但不限于工程项目的试运行记录、紧急状况下的特殊施工措施和方法，以及质量、安全、机械事故的发生时间、地点、原因和处理措施。同时，应记录可能影响工程的自然灾害，如气候、地质变化，以及其他非常态事件，如供电、供水中断或待料停工等。

8. 有关管理层或相关部门就工程生产和技术问题提出的决策或建议，也应当予以记录，以备后续参考。

## 二、分析装饰功能

在建筑领域的发展脉络中，装饰性元素始终受到建筑师的高度关注。古时建筑设计师善于将装饰与建筑本体融合，使得建筑主题得以完美诠释。功能性与装饰性相辅相成，彼此紧密相连，难以割裂。在此框架下，既不存在缺乏装饰性的功能，也不存在仅具单一功能的装饰。通过对建筑本源的深入剖析，可以发现装饰与功能之间的内在联系，二者相互促进，共同构成了建筑的整体价值。如图3-2、图3-3。

图3-2　飞檐　　　　　　　　　　　　　　图3-3　盲道

图3-2：悬挑出来并向上反曲的屋面，不但采光好，也便于泄水缓冲，保护墙身。如果屋面采取四面泄水的方式，它的四角自然而然为反翘形式，结果就产生了斗拱飞檐的屋顶，从而成为一种美丽庄严的建筑形式。

图3-3：景观绿化带中的盲道，不仅能引导盲人行走，同时也是一种装饰，丰富了铺装效果。

## 三、完善准备工作

（1）通过策划周密的施工及质量控制计划，实现工程品质与进度的双重保障。

（2）拟定细致的交叉作业施工方案，并实施部门间的协调工作，以保证施工流程的连续性。

（3）制订全面的材料采购方案，协调供应商以确保材料供应，同时清晰标注各项材料信息，以规避色差等质量风险。

（4）依据现场实际情况与施工进度，合理安排材料入场并执行验收与抽检程序，及时向建设方汇报检验结果。

（5）对材料进行详细盘点与记录，按需发放，减少浪费。库管人员需定期整理库存，及时补货，并对材料进行有序分类存放，采取必要保护措施。

## 四、强化技术措施

（1）若想要对施工流程进行优化，施工人员必须对施工设计图有深刻的理解和熟练的掌握，进而依据工程的资源状况，如人员配置、物料供应、资金以及设备情况，进行相应的调整。

（2）基于工程的技术特点，应提前做好技术准备工作，尤其要对人员进行高新技术与施工工艺的培训，确保技术人员和施工人员能够掌握新技术与新工艺，从而保障施工技术的规范性。

（3）为处理施工过程中可能出现的突发状况，制定应对方案是必要的，这有助于确保装饰工程在预定时间内保质完成。

（4）依据不同施工工艺和工序的特点，建立质量检查制度，并制定科学的质量验收标准，以确保工程能够顺利通过质量检验环节。

## 五、做好成品保护

在施工流程中，对成果的保护是至关重要的一环，其核心宗旨在于避免施工成果遭受损害，并保障装饰工程无障碍地通过验收阶段。为了实现这一目标，实践中一般采用主动防护与被动防护两种策略，并将它们有效融合。

所谓的主动防护，实质上是建立一系列预防性的规章制度。例如，明令禁止在已完成的地面铺装上使用铁质梯具以及搬移重物等操作。

被动防护则着重于采用物理手段以防碰撞，从而保护成品不受损害。比如在玻璃等易损材料表面覆盖保护性胶合板或者粘贴保护膜（图3-4、图3-5）。

图3-4 地面保护          图3-5 玻璃门窗保护

图3-4：为了防止地面被利器刮伤，应在地面上覆盖一层保护膜，有效保护地面不受破坏。

图3-5：在玻璃门窗上增加一层保护层，即使在突发情况下，玻璃破碎后也不会伤及无辜，特别是在高层施工作业中，这一保护做法十分有用。

## 六、控制施工环境

环境因素对于装饰工程的品质与施工效率具有显著影响，特别是在涂饰作业中。涂料施工期间，应严格控制作业现场空气中的尘埃浓度，同时确保天气状况良好。施工管理者必须精心组织施工流程，并根据具体情况制定措施以防止环境污染。此外，各项施工工序均需满足特定的环境条件，如室温、干燥度以及空气清洁度等。在冬季施工过程中，如室内温度不符合施工要求，必须采取保温和升温措施，并严格执行防火安全规程。

> 💡 ★小·贴士——施工现场处理事故程序
>
> 1. 工作人员抵达现场，详细确认事故信息。
> 2. 将初步调查结果及时反馈至安全生产监管部门。
> 3. 成立事故调查组，全面开展事故调查工作。
> 4. 在 24 小时内完成初步调查报告，并递交给建设行政部门。
> 5. 监督事故单位对问题进行整改，以消除安全隐患。
> 6. 确保达到调查组建议的实施效果。
> 7. 收集事故调查资料，并妥善归档。

# 第三节　项目管理概述

## 一、基础概念

工程项目管理，是施工企业构建的管理团队对工程项目执行全面管控的核心环节，涉及自装饰工程投标至施工完成及竣工验收的全程工作。以下是对项目管理的详细阐述。

### 1. 管理主体

在装饰工程项目管理中，施工企业承担着管理主体的角色。与之相对，建设方和设计方并不直接参与施工项目的管理，其管理活动属于建设项目范畴，而非专门针对装饰施工。

### 2. 管理客体

管理的直接对象是装饰工程项目，内容涉及对工程全周期的规划与控制，时间跨度从项目启动至项目终结。

### 3. 协调机制

在装饰工程项目管理中，协调是关键环节。鉴于工程复杂性及多方参与的协作需求，有效的组织协调对于项目成功至关重要。因此，加强协调工作是确保项目顺利进行的关键因素。

## 二、管理内容

项目管理内容应包含计划、实施、检查、处理等一系列工作（表3-3）。

表3-3　项目管理内容

| 序号 | 管理内容 | 序号 | 管理内容 |
|------|----------|------|----------|
| 1 | 编制初步方案 | 3 | 进度控制 |
| 2 | 编制实施规划 | 4 | 质量控制 |

| 序号 | 管理内容 | 序号 | 管理内容 |
|---|---|---|---|
| 5 | 安全控制 | 12 | 合同管理 |
| 6 | 成本控制 | 13 | 信息管理 |
| 7 | 人力资源管理 | 14 | 现场管理 |
| 8 | 材料管理 | 15 | 机械设备管理 |
| 9 | 竣工验收 | 16 | 组织协调 |
| 10 | 技术管理 | 17 | 考核评价 |
| 11 | 资金管理 | 18 | 回访保修 |

### 三、管理程序

（1）在工程签约阶段，首先草拟项目管理的初步方案，并挑选合适的项目经理。随后，向招标单位递交投标文件，并在中标后签订施工合同。项目经理在接受企业法定代表人的授权后，着手建立项目管理部。双方协商后，共同拟定《项目管理目标责任书》。

（2）项目进入正式施工阶段，项目经理负责主导编制《项目管理实施规划》。施工过程中，严格依照该规划执行管理任务。工程验收完成后，进行财务结算，清算债权债务，确保工程资料全部移交，并对项目执行结果进行全面的分析与总结。

（3）项目管理完成后，相关报告提交至企业管理层。管理层成立考核委员会，对项目管理成果进行评估，并根据《项目管理目标责任书》的规定，实施奖惩措施。

（4）项目管理经过审查确认无误后，项目管理团队解散。在保修期内，企业依据《项目管理目标责任书》的相关条款，对项目执行定期的回访与维护工作，确保项目的持续运行。

## 第四节  项目管理方法

装饰工程项目管理主要分为以下几步。

第一步：统筹装饰工程资源；

第二步：做好现场项目管理；

第三步：监管现场施工进度；

第四步：归纳装饰工程信息；

第五步：确保文明施工现场；

第六步：保证项目按时竣工。

下面详细介绍项目管理方法的具体内容。

### 一、统筹装饰工程资源

在探讨建筑装饰工程资源整合的流程时，以下几个核心要素不容忽视：

首要考虑的是企业层面的施工规划，具体涉及年度与季度施工进度的安排。这一规划对于项目的时间节点和进度管理具有决定性作用。紧接着，企业应根据中标的具体工程任务，确立相应的合同条款。合同中任务和要求的明确性将直接影响工程执行的后续流程。

其次，技术文档和设计施工图的准确性是工程实施的基础，且施工组织资料的完备性同样不可或缺，为工程的有序推进提供了坚实的组织架构。在资源筹备方面，选择恰当的材料、设备以及供应渠道是关键所在，确保资源的供应节奏与工程进度保持一致至关重要。

此外，承包商的技术实力、生产管理能力以及历史业绩亦应作为评估要素。这些要素对工程的质量与执行效率产生直接影响。在这些要素之外，工程资金的充足与否亦为关键一环，资金的及时拨付是确保工程顺畅进行的必要条件。

## 二、做好现场项目管理

### 1. 用地规划

用地规划方面，需依据施工总平面图的规范，对施工区域的空间配置进行周密规划，禁止擅自更改建筑的基本用途和功能。

### 2. 施工总平面设计

施工总平面设计应综合考虑临时设施、大型机械、材料存放、物资仓储、构件堆放、消防设备、进出口道路、加工区、水电管线以及周转场地的布局，确保其安全、环保，同时便于工程实施。

### 3. 现场阶段化管理

针对施工的不同阶段，现场平面布局应按实际需求进行适度调整，以适应施工进度的变化。

### 4. 加强现场检查

现场管理人员应定期进行现场检查，确保施工活动依照平面布置图的标准执行，同时操作合规，满足工程实际需求。

### 5. 文明施工

施工现场应布置安全文明标志，并对施工人员进行文明施工培训，以降低施工噪声，遵循环保法规。

### 6. 清场转移

工程结束后，项目经理应及时组织清场，移除临时设施，并恢复施工区域原状，以避免遗留问题，确保工程圆满结束。

## 三、监管现场施工进度

监管施工进度对于保障工程按既定方案执行至关重要。管理人员负责监督施工实际进展，借助对进度数据的详尽统计分析，以识别进度上的潜在偏差。基于此分析，对施工计划进行适时的调整与改进，旨在确保工程项目平稳执行。在此过程中，管理人员需密切关注工程动态，适时调整施工策略，以适应实际施工需求。通过这种方式，项目整体将得以有序推进。

监测工程进展的实践包括对工程实施情况的持续观察与评价。此类评价机制主要分为两种形式：日常监测与周期性评估。日常监测侧重于对施工动态的逐日记录；而周期性评估则根据需要，可能涵盖月、半月、旬或周的时间跨度。在进行进度评估时，以下方面需重点关注：

（1）工程量的实际完成程度应得到仔细审查。

（2）工作执行的效果与效率需进行监督与评估。

（3）资源的使用效率及其分配情况需得到审视。

（4）对先前的施工进度进行回顾，针对检查中发现的问题，采取相应的整改措施。

## 四、归纳装饰工程信息

在装饰工程项目的管理过程中，负责人员需对项目相关信息进行系统性的收集和整理，以此为依据，对项目的具体目标进行有效调整和精准控制。以下是装饰工程信息归纳的主要内容：

### 1. 信息收集

在装饰工程项目正式开工之前，将产生的文件与信息进行收集。

（1）完成项目可行性分析报告的汇编。

（2）收集并整合设计阶段的文档资料。

（3）汇集招标投标过程中的合同性文件。

（4）收集上级部门对项目的审批文件及指导意见。

### 2. 信息加工整理

通过分析、归纳和对比等手段，对信息进行系统性的处理（表3-4）。

表3-4　信息整理

| 序号 | 信息类别 | 具体要求 |
|---|---|---|
| 1 | 施工进度状态 | 项目负责人每月、每季度都要对工程进度进行分析，并进行综合评价，对存在的主要困难和问题，要提出解决意见 |
| 2 | 工程质量情况 | 项目负责人根据当月施工质量情况，检查并发现问题，并记录各种问题的处理情况 |
| 3 | 工程结算情况 | 工程价款结算一般按月进行，对投资情况进行统计、分析，并在此基础上进行短期预测 |
| 4 | 合同信息与索赔意见 | 由于建设方的原因或客观条件使承包方遭受损失，承包方可提出索赔；承包方违约使工程遭受损失，建设方可提出索赔要求；项目负责人应对索赔提出处理意见 |

## 五、确保现场文明施工

为了营造优质的施工氛围并维持工作场所的秩序，文明施工的实施至关重要（图3-6）。

文明施工是保证建筑装饰工程顺利实施的重要条件。在施工现场，严格按照国家有关规定进行施工作业，有利于营造良好的施工环境。该策略的根本宗旨涉及以下要素：首先，确保施工现场的清洁与卫生；其次，对施工流程进行周密的规划，以保障生产作业的顺畅进行；再次，最大限度地降低施工行为对邻近居民及自然环境的干扰；最后，保护施工人员的生命安全与身体健康。

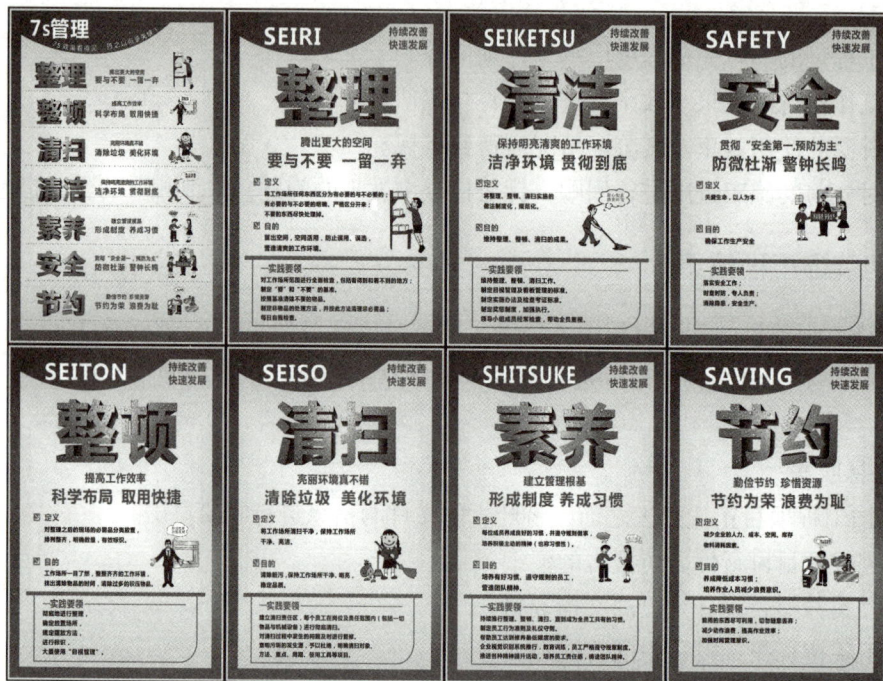

图3-6　施工现场文明招贴

（1）施工现场应设立明显的标识牌，详尽记录工程项目名称、施工及建设主体、设计单位、项目管理负责人、主要施工人员名单，并标注工程的起始及预计完工日期，以及施工许可的批准编号。管理人员须佩戴身份证明证件。

（2）保障施工现场的道路畅通是关键。依据施工平面设计图，应合理规划临时的现场设施布局，确保大宗材料、成品、半成品以及机械设备的存放不干扰交通线路和安全设施。

（3）对于施工现场的维护，确保排水系统的顺畅运作是不可或缺的。同时，现场清洁卫生亦不容忽视，必须定期清理建筑废料。

（4）施工现场的安全状况也不容忽视。必须实施多项措施，保障工人的人身安全与健康，包括配备必要的个人防护装备，如安全帽、防护和防尘口罩，并定期对这些装备进行检查和维护。施工标志的设置是必要的，且需要对沟井和坎穴等潜在危险区域进行覆盖处理。此外，所有机械在投入使用前，均需经过严格的安全审查，操作人员也应具备相应的资质证书。电气线路和设施的安装必须遵守相关规范和安全准则，并且在夜间或潮湿环境中应配备充足的照明。

（5）构建并执行一套完善的防火管理体系至关重要。在火灾易发区域，应配备相应的消防设施。对于高度易燃易爆物品，应采取额外的预防措施，以降低火灾风险。

## 六、保证项目按时竣工

### 1. 竣工验收

竣工是指施工活动结束，所有设计文件和合同规定的施工内容均已执行完毕，工程项目达到了建设方满意的使用状态。在此基础上，建设方将启动验收程序，以确保工程项目的质量和功能性符合预期，进而完成工程交付。

### 2. 验收条件和标准

（1）验收的基本条件包括：施工内容完全符合设计文件和合同要求；工程竣工资料完备；具备证明工程质量合格的官方文件；具备主要材料、配件和设备进场的有效证明及其检测报告；具备工程质量保修书。

（2）验收的准则涉及以下方面：工程质量须满足合同规定的标准；工程项目应达到可使用状态或符合生产需求；同时，应符合国家关于工程质量竣工验收的统一标准。在我国，该标准为《建筑装饰装修工程质量验收标准》（GB 50210—2018），见图3-7。

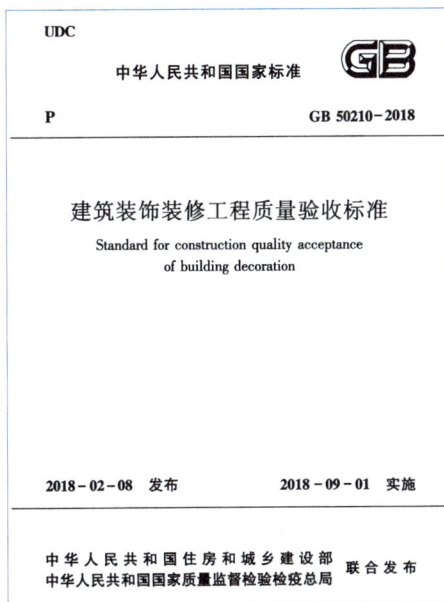

图3-7　建筑装饰装修工程质量验收标准

### 3. 验收程序

（1）竣工验收。首先，项目经理需组织施工人员对工程进行彻底的自检，并系统性地搜集与整合所有相关的竣工文档。继而，项目经理应制定一份详尽的竣工验收方案，并亲自引导包括建设方、施工方、监理方、设计方及行政主管部门在内的各利益相关者，共同参与实地验收环节。在验收流程中，工程竣工的财务结算亦应同步进行，以确保承包方向发包方提交的资料不仅完整，而且精确无误。待验收程序终结，所有参与方，如建设方、设计方、施工方、监理方等，均须在验收报告中签字确认，承包人与发包方亦须签署工程质量保修书，完成工程的正式交接。

（2）竣工验收收尾。项目经理还需联合技术、生产、质量、材料等班组的负责人，共同完成工程的收尾工作。在此过程中，项目经理负责制订并整合竣工收尾计划于整体施工生产计划之中，确保统一管理。在收尾阶段，应详细规划每项工作的启动与完成时间节点，并为各项工作指派责任人员（表3-5）。

表3-5　施工项目竣工收尾计划表格规范（案例）

| 序号 | 收尾项目名称 | 工作内容 | 起止时间 | 作业队组 | 负责人 | 竣工资料 | 整理人 | 验证人 |
|---|---|---|---|---|---|---|---|---|
| 1 | 木质构造收尾 | 修补吊顶边角 | 2024-12-3—2024-12-25 | 木工吊顶1组 | ××× | 竣工图、施工日志、验收报告 | ××× | ××× |
| 2 | 涂饰收尾 | 修补污损墙面乳胶漆 | 2024-12-20—2024-12-28 | 涂饰3组 | ××× | 竣工图、施工日志、验收报告 | ××× | ××× |
| | …… | | | | | | | |

备注：　　　　　项目经理：　　　　　技术负责人：　　　　　编制人：

（3）竣工检查。针对工程项目的完工验收环节，项目管理负责人与技术领导需对竣工收尾计划的实施状况进行系统性审查，同时，将审查过程中的发现详尽记录在案。项目经理在此环节中承担着组织相关人员的职责，确保依据既定质量准则及设计图纸的要求，对工程细节进行彻底且仔细的检验。

（4）竣工验收预约。承建单位在各项工程质量审查环节圆满完成后，即对工程质量的达标情况进行了核实。此时，施工方将正式行文，向项目甲方提交"交付竣工验收通知书"。该通知书不仅是对施工方完成全部前期准备工作的官方确认，同时也标志着工程项目已全面就绪，可供甲方进行最终的验收。以下是"交付竣工验收通知书"的文本样式。

交付竣工验收通知书

××××（建设方名称）

根据施工合同的约定，由我单位承建的××××工程，已于××××年××月××日竣工，经自检合格，监理单位审查签认，可以正式组织竣工验收。请贵单位接到通知后，尽快洽商，组织有关单位和人员于××××年××月××日前进行竣工验收。

附件：1. 工程竣工报验单

2. 工程竣工报告

××××（承建方公章）
××××年××月××日

### 4. 竣工资料

在工程项目完成后，承建单位负责汇总并整理一套详尽的工程技术管理文件，即竣工资料。该资料涵盖了整个工程项目从启动到结束的所有相关信息，并最终移交给建设方以供存档。它详细记录了工程的建设过程，其核心内容包括但不限于以下几部分。

（1）工程施工技术资料。施工技术资料是其中的重要组成部分，它囊括了一系列管理文件，如项目启动报告、项目管理团队名单及其任命文件、施工方案、图纸审核和技术交底的记录、设计变更通知、技术审核单、工程质量问题报告及其处理记录、施工日志、合同及其补充协议、工程竣工报告和验收报告、质量保修书、工程预算和结算书、项目总结等。

（2）工程质量保证资料。工程质量保证资料是确保工程所使用材料及设备符合质量标准的证明文件，其中包括材料的质量证明和合格证明，以及材料进场的试验报告。

（3）工程检验评定资料。工程检验评定资料提供了关于工程质量评定的详细信息，包括质量管理检查记录、质量验收记录（表3-6），以及针对单位工程和子单位工程的安全和功能检验记录、观感质量检查记录等。

表3-6  单位工程质量验收记录（案例）

| 工程名称 | 工业厂房室内装饰改造 | 结构类型 | 框架 | 层数、建筑面积 | 七层，3628.25m² |
|---|---|---|---|---|---|
| 施工单位 | ×××装饰工程有限公司 | 技术负责人 | ××× | 开工日期 | 2024-10-8 |
| 项目经理 | ××× | 项目技术负责人 | ××× | 竣工日期 | 2024-12-28 |
| 序号 | 项目 | 验收记录 | | 验收结论 | |
| 1 | 分部工程 | 共6分部，经查符合标准及设计要求6分部 | | 符合要求，验收合格 | |
| 2 | 质量控制资料核查 | 共21项，经审查符合要求21项；经核定符合规定要求21项 | | 资料齐全，验收合格 | |
| 3 | 安全和主要使用功能核查及抽查结果 | 共核查7项，符合要求7项；共抽查7项，符合要求7项；经返工处理符合要求0项 | | 符合要求，验收合格 | |
| 4 | 观感质量验收 | 共抽查4项，符合要求4项，不符合要求0项 | | 符合要求，验收合格 | |
| 5 | 综合验收结果 | 符合设计标准验收要求，验收合格 | | | |
| 参加验收单位 | 建设单位 | 监理单位 | 施工单位 | 设计单位 | 勘察单位 |
| | （公章）<br>单位（项目）负责人<br>×××年××月××日 | （公章）<br>单位（项目）负责人<br>×××年××月××日 | （公章）<br>单位（项目）负责人<br>×××年××月××日 | （公章）<br>单位（项目）负责人<br>×××年××月××日 | （公章）<br>单位（项目）负责人<br>×××年××月××日 |
| 质量监督站验收意见 | （公章）<br>单位（项目）负责人：×××<br>×××年××月××日 | | | | |

（4）竣工图。工程项目完工后，所产生的竣工图构成了详尽记录该项目实际完成状况的档案文件。此类文件对于后续的维护、改造或扩展工程而言，具有不可或缺的参考价

值。在工程顺利完成后，施工方应与设计机构紧密合作，迅速编制并完善竣工图，同时在每份图纸的显著位置标注"竣工图"专用章。并且应详尽记录以下信息：项目发包方、承包方、监理机构名称，图纸的唯一编号、编制者、审核者、负责人以及制图时间等关键要素。

（5）其他相关资料。此部分主要包括施工合同中所规定的额外提交资料，以及地方性法规和技术标准规定的必要提交材料。

### 5. 竣工验收管理

工程交付竣工验收，主要有以下三种方式。

（1）单位工程（或专业工程）竣工验收。此过程涉及承建方依据与建设方签订的施工合同条款，在工程满足竣工条件后，自主完成交付手续。随后，建设方将依据相应的竣工验收标准，组织专家团队对工程实体进行细致的查验与评估。

（2）单项工程竣工验收。在总体建设项目的单项工程完成后，若其满足既定完成标准并具备使用条件，承建方将向监理方提交"工程竣工报告"及"工程竣工报验单"。经监理方审核确认无误后，承建方将向建设方发出"交付竣工验收通知书"，其中详述工程的完成状况以及验收的相关信息。

（3）全部工程竣工验收。在所有工程建设项目依照设计和建设方的要求全部完成后，建设方将组织包括设计方、施工方、监理方在内的多方单位共同进行验收。对于已完成验收并办理移交手续的单位工程或单项工程，将不再进行重复验收。

在工程交付竣工验收的过程中，承建方需填写并提交工程竣工报验单（表3-7）和工程竣工报告（表3-8）。确保表格内容详尽无误，并由项目经理、企业负责人及法定代表人签字确认，同时加盖企业公章以示正式。

表3-7　工程竣工报验单（案例）

工程名称：工业厂房室内装饰改造　　　　　　　　　　　　　　　编号：×××××××

| 致：<br>我方已按合同要求完成了工业厂房室内装饰改造工程，经自检合格，请予以检查和验收。<br>附件：<br><br>　　　　　　　　　　　　　　　　　　承包单位（章）：×××工程有限公司<br>　　　　　　　　　　　　　　　　　　项目经理：×××<br>　　　　　　　　　　　　　　　　　　日　　　期：××××年××月××日 |
|---|
| 审查意见：<br>经初步验收，该工程：<br>1. 符号 / 不符合我国现行法律、法规要求；<br>2. 符合 / 不符合我国现行工程建设标准；<br>3. 符合 / 不符合设计文件要求；<br>4. 符合 / 不符合施工合同要求。<br>综上所述，该工程初步验收合格 / 不合格，可以 / 不可以组织正式验收。<br>　　　　　　　　　　　　　　　　　　项目监理机构：×××监理工程有限公司<br>　　　　　　　　　　　　　　　　　　总监理工程师：×××<br>　　　　　　　　　　　　　　　　　　日　　　期：××××年××月××日 |

表3-8　工程竣工报告（案例）

| 工程名称 | 工业厂房室内装饰改造 | 建筑面积 | 3628.25m² |
|---|---|---|---|
| 工程地址 | ××省××市××区××路××号 | 结构类型/层数 | 框架/七层 |
| 建设单位 | ×××装饰工程有限公司 | 开/竣工日期 | 2024-10-8/2024-12-28 |
| 设计单位 | ×××设计有限公司 | 合同工期 | 85天 |
| 施工单位 | ×××工程有限公司 | 工程造价 | 367.56万元 |
| 监理单位 | ×××监理工程有限公司 | 合同编号 | ××× |
| 竣工条件自检情况 | **自检内容** | | **自检意见** |
| | 工程设计和合同约定的各项内容完成情况 | | 完成 |
| | 工程技术档案和施工管理资料 | | 齐全 |
| | 工程所用材料、构配件、设备的进场试验报告 | | 齐全 |
| | 涉及工程结构安全的试块、试件及有关材料试验、检验报告 | | 齐全 |
| | 地基与基础、主体结构等重要分部、分项工程质量验收报告签证情况 | | 齐全 |
| | 建设行政主管部门、质量监督机构或其他有关部门责令整改问题的执行情况 | | 完成 |
| | 单位工程质量自检情况 | | 合格 |
| | 工程质量保修书 | | 齐全 |
| | 工程款支付情况 | | 未支付 |
| | 交付竣工验收的条件 | | 具备 |
| | 其他文件 | | 无 |

经检验，该工程已完成设计和施工合同约定的各项内容，工程质量符合有关法律、法规和工程建设强制性标准。

项目经理：×××

企业负责人：×××（承建方单位公章）

企业法定代表人：×××　××××年××月××日

监理单位意见：

总监理工程师：×××（监理方单位公章）

××××年××月××日

接收到承包单位提交的工程验收申请及相应文档之后，监理团队开始审查流程。在此环节，以总监理工程师为核心，对提交的资料进行详尽的审查。此外，工程师针对工程品质执行彻底的检验与评估工作。经过验证，一旦所有指标均符合既定标准与要求，总监理工程师便会向建设主体发出一份正式报告，内含完工检验的详细信息，如具体验收时间、地点等，确保工程能够顺利交付使用。

**6. 竣工验收依据**

（1）在项目启动阶段，一系列文件之重要性不容忽视，它们是确保项目得以合法且合规进行的基础。首要之务，便是审批文件的准备。

（2）工程设计的文档，可视作项目的框架蓝图，涵盖了施工绘图（图3-8）以及相关的技术说明。这一系列文件旨在为施工阶段提供详尽的操作指导。

（3）施工合同明确规定了项目执行过程中双方的权益与责任，是保障工程顺利进行的重要凭证。

（4）在设备方面，技术说明书提供了设备安装、调试、检验、试运行直至验收等环节的详尽指引，并包含了处理设备质量及技术问题的方法。

（5）项目实施期间，设计上的调整在所难免，此时设计变更通知书便扮演了记录这些修改与补充的角色，确保工程变更的可追溯性。

（6）最后，必须强调的是，恪守国家发布的各类标准与规范，是维护工程质量的核心。诸如《工程施工及验收规范》与《工程质量检验评定标准》等文件，为工程的质量控制提供了依据。

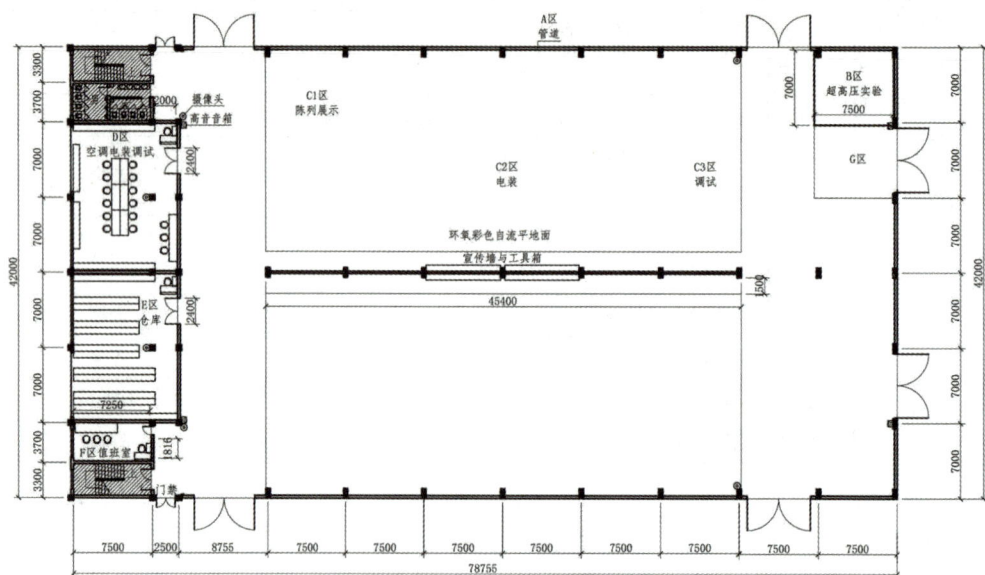

图3-8 工程施工图

建设方在收到承建方递交的交付竣工验收通知书后，应及时验收，并立即组织相关人员对工程进行评估核查（表3-9）。

表3-9 工程竣工验收报告（案例）

| 工程概况 | 工程名称 | 工业厂房室内装饰改造 | 建筑面积 | 3628.25m² |
|---|---|---|---|---|
| | 工程地址 | ××省××市××区××路××号 | 结构类型 | 钢混 |
| | 层数 | 地上7层 地下0层 | 总高 | 28.6m |
| | 电梯 | 4台 | 自动扶梯 | 0台 |
| | 开工日期 | ×××年××月××日 | 竣工验收日期 | ×××年××月××日 |
| | 建设单位 | ×××工业有限公司 | 施工单位 | ×××装饰工程有限公司 |
| | 勘察单位 | ×××勘察有限公司 | 监理单位 | ×××监理工程有限公司 |
| | 设计单位 | ×××设计有限公司 | 质量监督单位 | ××市××区建筑质量监督所 |
| | 工程完成设计与合同所约定内容情况 | 符合 | | |

| 验收组织形式 | 集体集中验收 | |
|---|---|---|
| 验收组组成情况 | 专业 | 建筑装饰验收组 |
| | 建筑工程 | 基础改造组 |
| | 采暖卫生与燃气工程 | 水路、燃气组 |
| | 建筑电气安装工程 | 电路组 |
| | 通风与空调工程 | 构造组 |
| | 电梯安装工程 | 安装组 |
| | 工程竣工资料审查 | 综合组 |
| 竣工验收程序 | 测试、试车、外观检测、环保检测 | |
| 工程竣工验收意见 | 建设单位执行基本建设程序情况：合格 | |
| | 对工程勘察、设计、监理等方面的评价：合格 | |

| | | |
|---|---|---|
| 项目负责人：××× | 建设单位　（公章）<br>××××年××月××日 | |
| 勘察负责人：××× | 勘察单位　（公章）<br>××××年××月××日 | |
| 设计负责人：××× | 设计单位　（公章）<br>××××年××月××日 | |
| 项目经理：×××<br>企业技术负责人：××× | 施工单位　（公章）<br>××××年××月××日 | |
| 总监理工程师：××× | 监理单位　（公章）<br>××××年××月××日 | |

工程质量综合验收附件：

1.勘察单位对工程勘察文件的质量检查报告；

2.设计单位对工程设计文件的质量检查报告；

3.施工单位对工程施工质量的检查报告；

4.监理单位对工程质量的评估报告；

5.地基与勘察、主体结构分部工程以及单位工程的质量验收记录；

6.工程有关质量检测和功能性试验资料；

7.建设行政主管部门、质量监督机构责令整改问题的整改结果；

8.验收人员签署的竣工验收原始文件；

9.竣工验收遗留问题的处理结果；

10.施工单位签署的工程质量保修书；

11.法律、规章规定必须提供的其他文件

### 7.办理工程移交手续

在工程项目顺利通过竣工验收之后，承建方须在签署验收报告后的既定时间范围内，向建设方提交完整的工程竣工结算文件以及相关配套资料，依据双方合同中规定的条款，最终进行工程结算。承建方有责任在规定的期限内，确保工程的顺利移交。因此，承建方在确认验收报告无误后，应严格遵循合同期限要求，履行其结算及移交的义务。

## 小结

本章采取管理学的视角，从建设主体、施工承包商、项目管理负责人以及施工人员等多个角度进行了深度剖析。聚焦于解析建筑装饰工程技术管理的实践路径，目的在于为施工项目的有效管理提供策略。重点讨论了建筑装饰工程的技术管理实践、施工现场的管理策略、工程项目信息的管理流程以及工程的最终验收环节。此外，本章还涉及国家关于工程验收的规范与政策，对工程质量验收的管理流程和注意事项进行了详尽的阐释。

## 课后练习题

1. 装饰工程技术管理的意义是什么？

2. 装饰工程技术管理的主要工作有哪些？

3. 请简述我国近年装饰施工技术的发展状况，以及有哪些不足。

4. 在装饰施工中，技术管理制度有什么重要作用？

5. 在施工现场中，在技术措施方面如何保证施工质量？

6. 施工项目管理主要内容有哪些？

7. 文明施工主要包括哪些方面的工作？其基本要求有哪些？

8. 工程竣工验收的条件与标准是什么？

9. 当项目施工完毕后，需要为竣工验收做什么准备？

10. 从社会发展的角度来看，工程项目信息管理对现场施工具有哪些重大意义？

# 第四章
# 装饰工程质量管理与安全环境管理

**学习难度：** ★★★★★
**重点概念：** 质量因素、质量控制、管理体系、安全措施
**章节导读：** 装饰工程项目易受外部条件影响，并且项目本身具有复杂多变性，因此工程品质的提升变得尤为重要。在确保工程品质方面，质量管理体系的运用成为综合整治的核心手段，从而实现对工程全过程的精准控制。与此同时，施工阶段的安全问题和环境保护议题，对于工程的长期可持续发展影响显著，故需特别关注。

## 第一节　质量管理概述

### 一、概念

质量管理肩负着保障产品质量的核心职责，其通过精心的项目规划与不折不扣的执行手段，成为工程项目成功的必备条件。在工程实施的全过程中，这一管理策略至关重要，它是确保工程目标得以实现的根本保障。

### 二、影响因素

#### 1. 质量主体

工程质量保障的核心在于各单位与个体。在建设单位、设计单位、施工与监理单位以及政府质量监管部门中，相关人员扮演着项目策划、设计、实施及管理的角色。

#### 2. 项目决策

在项目启动之前，经济性评估和科学决策至关重要。缺乏调研的盲目建设将导致工程产品失去实际应用价值，对社会资源造成浪费。

#### 3. 总体规划和设计

设计方的总体规划和设计工作，是将理念转化为工程图纸的关键环节。这些图纸不仅规定了施工质量标准，更决定了项目的整体品质。

#### 4. 材料质量

对于装饰工程，选择合适的装饰材料是关键。须严格审查材料质量与规格，并评估其

性能是否符合设计要求，以提升工程质量。

**5.施工方案**

施工方案涉及技术方法与设备配置，施工组织方案则是对施工流程的整体规划。这些方案旨在确保施工的顺利进行，提高施工效率和质量。

**6.施工环境**

施工环境包括作业环境（如地质、水文气候、通风照明、安全卫生防护设施）和管理方法，这些都是确保施工质量和安全的重要条件。

## 三、"三全"质量管理

质量管理的方法较多，有效的管理方法是从实践中总结出来的。这里简要介绍"三全"质量管理，选用质量管理体系标准（GB/T 19000 和 ISO 9000）中的主要内容，提出企业质量管理应该是全面质量管理、全过程质量管理和全员参与质量管理（表4-1）。

表4-1 "三全"质量管理

| 序号 | 名称 | 核心 | 内容 |
|---|---|---|---|
| 1 | 全面质量管理 | 强调施工质量是装饰工程整体质量的保证 | 主要涵盖工程质量与工作质量两大核心要素。其中，工程质量作为整个项目的基石，是确保项目整体品质的关键所在；工作质量则直接关系到施工的精细程度与成效 |
| 2 | 全过程质量管理 | 强调质量管理的过程方法与管理原则 | 在工程质量的高标准要求下，坚持全过程质量控制，严格遵循建设流程，从项目的前期决策、勘察、设计，到发包、施工、验收，以及最终使用阶段，每一个环节都严格按照过程质量要求执行，确保项目质量的无缝衔接 |
| 3 | 全员参与质量管理 | 强调每个岗位都承担着对应的质量管理职能 | 每一个岗位都肩负着相应的质量管理职责。应积极组织并动员全体员工参与到实施质量方针的系统活动中，让每位员工都能充分发挥其角色功能，共同为提升项目质量贡献力量 |

# 第二节 质量管理方法

装饰工程质量管理主要分为以下几步。

第一步：建立管理体系；

第二步：控制工程质量；

第三步：评定工程质量；

第四步：工程质量验收。

下面详细介绍质量管理方法的具体内容。

## 一、建立管理体系

### 1.体系策划设计

质量管理体系的设计与构建，责无旁贷地落在管理者肩上，其核心要务在于确立质量目标与构筑健全的质量管理体系架构。在此过程中，无论是建立一套全新的质量管理体系，还是对现行体系进行升级优化，都需围绕企业战略决策、细致的工作规划、分层次的专业培训、施工要素的精准落实，以及质量管理文件的系统编制等关键环节展开。

### 2. 体系编制

（1）质量手册。其以铁的纪律规定了工程质量的标准，勾勒出质量管理体系的总体架构和核心要素。质量手册中，不仅详尽阐释了质量控制、记录、审核等一系列质量管理方法，更强调了跨部门的协调与协作，以确保体系的顺畅高效运行。

（2）质量计划。它将工程实施的具体要求与质量管理体系程序紧密相连，实现两者的无缝对接，是工程材料、施工及合同控制不可或缺的利器。

（3）质量记录。它是反映质量水平和质量管理活动真实面貌的客观证据。记录的字迹必须清晰可辨，内容完整无误，且要根据不同的材料和工艺进行精确标识，确保信息的准确性与可追溯性。

### 3. 体系实施

为确保质量管理体系的高效运转，必须组织全体施工人员进行系统化学习，辅以严格的管理考核。根据不同的岗位职责和管理内容，制订针对性的运作机制，并实施有效的监督，以确保质量管理体系的每个环节都能精准执行，达到预期的管理效果。

## 二、控制工程质量

### 1. 决策阶段

在项目启动之初，精心筛选并采纳与实际工程需求相匹配的质量管理策略，旨在确保工程质量达到设计预期，同时策略要与施工现场的具体环境和谐相融，为项目成功奠定坚实基础。

### 2. 设计阶段

在工程设计的关键阶段，应当确立一系列旨在实现预期项目质量的标准与规范。这些标准与规范不仅要确保设计文件和图纸与现场施工条件完美对接，更要满足施工全过程中的多样化需求，为施工提供精确的指导。

### 3. 施工阶段

施工过程中，施工方需受到严格的监督与控制，确保其严格遵循设计图纸进行施工。这时追求的不仅是一份符合合同规定的工程产品，更是一个在品质与细节上均能满足高标准要求的优质工程。

## 三、评定工程质量

### 1. 分项、分部、单位工程划分

为了全面提升工程管理的效率与工程项目的品质，应采取精细化的工程分解策略，将建筑装饰工程细化为多个独立的分项、分部和单位工程，从而确保施工的精准性和施工质量。

（1）分项工程的划分。依据主要的施工技术类型、施工的顺序以及所采用的装修材料，进行科学的划分。例如，在抹灰技术领域，可以细分为墙面抹灰、墙面贴瓷砖等多个具体分项。在装饰工程中，可以按照楼层分布进行分项，针对面积较大的楼层，进一步按照功能区域进行细致划分，这不仅有助于提升施工效率，更有利于实现质量监管的全面覆盖。

（2）分部工程的划分。根据施工指向的主要结构部位，将工程划分为基础、主体结构、界面装饰、给排水及采暖、电气智能化、通风空调、电梯等专门针对特定区域的分部工程（表4-2）。

表4-2　装饰工程各分部工程及其分项工程

| 序号 | 分部工程名称 | 分项工程内容 | 图例 |
|---|---|---|---|
| 1 | 地面工程 | 包括各种材料的面层，如混凝土、砂浆、砖、大理石、塑料板、瓷砖、地毯、竹地板、木地板、复合地板等铺装 | |
| 2 | 抹灰工程 | 包括一般墙面抹灰、装饰抹灰、墙体勾缝 | |
| 3 | 门窗工程 | 包括木门窗制作与安装，金属门窗、塑料门窗、门窗玻璃、特种门窗的安装 | |
| 4 | 吊顶工程 | 包括暗龙骨吊顶、明龙骨吊顶施工 | |

| 序号 | 分部工程名称 | 分项工程内容 | 图例 |
|------|-------------|-------------|------|
| 5 | 轻质隔墙工程 | 包括板材隔墙、骨架隔墙、活动隔墙、玻璃隔墙的安装 | |
| 6 | 幕墙工程 | 包括玻璃幕墙、金属幕墙、石材幕墙的安装 | |
| 7 | 涂饰工程 | 包括饰面板的粘贴、墙漆涂刷 | |
| 8 | 软包工程 | 包括家具软包与墙面软包 | |
| 9 | 饰面砖工程 | 包括花岗岩、大理石、陶瓷饰面砖粘贴 | |

| 序号 | 分部工程名称 | 分项工程内容 | 图例 |
|---|---|---|---|
| 10 | 细部工程 | 包括：衣柜、橱柜的制作与安装；窗帘盒、窗台板、暖气罩的制作与安装；门窗套的制作与安装；护栏、扶手的制作与安装；花饰的制作与安装 | |

（3）单位工程的划分。以是否具备独立施工能力及能否形成独立使用功能为判定准则，将工程项目划分为三大核心单位工程：装饰工程、建筑工程以及设备安装工程。在众多工程类别中，装饰工程独树一帜，其范围广泛涵盖了楼地面铺装、墙面装潢、门窗安装以及顶棚修饰等多个关键施工环节。这些环节互为补充，每一部分皆至关重要，共同促进了装饰工程的整体和谐与完美，是不可或缺的重要组成部分。

**2. 检验评定项目**

（1）质量保证项目。质量保证项目是工程必须达到的核心质量标准，它不仅是工程获得"合格"或"优良"评定的关键条件，更是工程整体性能与品质的直接体现。此项目涵盖了关键性材料、关键配件、成品、半成品以及设备性能等多个方面的要求，是保证工程质量的坚实基础。

（2）基本要求项目。基本要求项目体现了工程安全性与使用性能的基础标准，其评定标准通过"应"与"不应"的表述来明确。这些标准对于确保工程的使用安全性、功能性及美观性具有决定性作用，是判定工程质量等级的重要依据。对于那些允许存在一定偏差，但又不适合划入允许偏差项目范畴的要求，可通过精确的数据来界定"优良"或"合格"的标准。

（3）允许偏差项目。在检验过程中，可能会出现部分检测点的实测值略超允许偏差范围的情况。对于有正负偏差要求的数值，允许偏差值无须标注符号，直接以具体数字表示；而对于那些要求大于或小于特定数值，或在一定范围内的数值，可以通过设定相对比例值来确定偏差范围。在装饰工程分项工程的质量等级评定中，质量等级被划分为"合格"与"优良"两个级别，以更细致地反映工程质量的优劣（表4-3）。

表4-3　装饰工程分项工程的质量等级

| 等级划分 | 质量等级内容 |
|---|---|
| 合格 | 质量保证项目符合相应质量检验评定标准的规定 |
| | 基本要求项目抽检处（件）应符合相应质量检验评定标准的合格规定 |
| | 在允许偏差项目抽检的点数中，建筑装饰工程有80%及以上、设备安装工程有80%及以上的实测值，在相应质量检验评定标准的允许偏差范围内 |
| 优良 | 质量保证项目必须符合相应质量检验评定标准的规定 |

| 等级划分 | 质量等级内容 |
|---|---|
| 优良 | 基本要求项目每项抽检处（件）的质量，均应符合相应质量检验评定标准的合格规定，其中50%及以上的抽检处（件）符合优良规定，该项目即为优良；优良的项目数目应占检验项数的50%以上 |
| | 在允许偏差项目抽检的点数中，有90%及以上的实测值均应在质量检验评定标准的允许偏差范围内，且不得有严重缺陷，尺寸偏差不得超过允许偏差数值的1.5倍 |

### 3. 检验评定标准

（1）评定方法。为确保质量评定之精准性，须首先验证各个独立子项工程均已达到合格标准，方可开展分部工程的质量评定工作。唯有当分部工程所涵盖的全部子项工程均符合质量要求时，方可将分部工程的质量等级评定为合格。此外，当子项工程中超过半数达到优良标准时，方可将分部工程的质量等级提升至优良。

（2）验收程序。质量评价活动由单位工程质量管理的负责人统筹组织并实施监督，由具备专业资质的质量检验员负责具体审核。施工班组在施工过程中，应严格遵循工艺规程和施工规范，进行实时质量监控。一旦发现质量问题，必须立即采取措施进行整改。

## 四、工程质量验收

分部工程的验收流程将与施工进度紧密同步，以确保施工质量的卓越与稳定。单位工程，作为一个具备独立使用功能的完整实体，其验收环节通常安排在整体工程圆满完成后进行。若单位工程未能达到预定的质量标准，将立即启动返工程序，不断优化修正，直至全面符合要求。在特殊情形下，即便已经实施了修复或加固措施，分部工程或单位工程仍无法满足安全使用标准，这类工程将严格不予验收，以保障工程的整体安全性和可靠性。

## 第三节　安全环境管理概述

## 一、概念

安全管理的核心宗旨在于确保施工人员及用户身心健康与生命财产安全。通过对施工现场环境中影响人员健康的各类潜在风险因素和条件进行精准识别与严格控制，有效预防和遏制因操作失误而诱发的健康与安全风险。

在工程项目环境管理方面，目标是维护自然生态的平衡与和谐。这涉及对施工过程中产生的尘埃、废水、废气、固体废物以及噪声和振动等环境污染因素进行科学管理，力图减轻对周边环境的潜在负面影响。同时也要推动能源节约和资源的最大化利用，坚决杜绝一切不必要的资源耗费，实现经济发展与环境保护的双赢。

## 二、一般规定

### 1. 规章制度

为提升工程安全管理水平，应当遵循《建设工程安全生产管理条例》（2003年）和《职业健康安全管理体系 要求及使用指南》（GB/T 45001—2020）的规定，坚持安全优先、预防为主以及防治并重的原则，致力于建立安全管理体系并持续对其进行优化。

### 2. 风险应对策略与应急计划

针对项目特性及预防风险的需求，应制定一系列安全生产技术措施和应急响应预案，并对应急准备工作进行系统优化。此外，应构建一套完善的组织架构，旨在确保在事故发生时能够迅速而有效地进行处置。事故发生后，严格依照国家相关法规，及时向主管部门报告。在事故处理过程中，特别强调避免产生二次损害。

### 3. 生产安全规划

在设计阶段，强调对施工安全操作规程及防护措施进行周密规划，涵盖施工布局设计、施工进度安排，同时综合考虑防火、防爆等多个相关要素，以保障项目施工安全。

### 4. 保险保障

鉴于施工现场潜在的风险，必须为从事高风险作业的员工办理意外伤害保险，以降低意外事故带来的经济负担。

### 5. 危险识别与风险管理

项目团队需深入分析项目，识别并评估潜在的危险因素，据此制定风险管理方案。该方案旨在控制并降低风险。项目团队需执行所定措施，并持续监测、评估其成效，以便适时调整和优化。

### 6. 安全管理体系

施工现场应明确划分生产区与生活、办公区域，配备必要的急救医疗设施，确保生活设施满足卫生防疫要求。同时，采取有效措施应对高温中暑，实施降温措施，并做好保暖、消毒及防毒工作，以保障现场人员的安全与健康。为确保施工过程中的安全性，在施工现场配备相应的医疗设备和专业人员，如在高温季节采取有效的防暑降温策略，而在寒冷季节则实施保暖供暖措施。此外，日常施工活动中消毒与体检措施的实行，亦为构建一个安全的施工环境提供了坚实基础。

---

### 💡 ★小·贴士——落实安全施工措施

为确保建筑装饰工程在施工过程中的安全性，必须严格遵循安全操作规范，对潜在的安全风险进行前瞻性识别，并实施相应的预防及管控策略。在此背景下，火灾防控、电气安全以及高空作业成为施工安全管理的核心环节。

针对不同施工场所和技术要求，应制定个性化的安全防护方案，涵盖技术性与管理性两大类措施，以保障各项安全措施得以切实落实。具体而言，以下措施至关重要：首先，应识别并预防潜在的安全风险；其次，根据施工实际情况和技术特点，制定针对性的防护策略；最后，确保安全规范的有效执行，以维护施工现场的整体安全。

### 三、技术措施计划

#### 1. 技术措施计划编制

在项目管理中，安全工作的保障依赖于项目经理主导下的安全技术措施计划的制定。该计划由安全管理专员负责现场执行与监督。计划内容应细致入微，涵盖项目的全貌，包括但不限于工程概述、安全控制目标、执行程序、组织框架、责任与权限、管理规范、资源配备、安全措施实施以及绩效评估与奖惩机制。

#### 2. 安全生产责任制

细化责任目标，将其具体分配至各施工人员，是实现安全生产的关键。为此，构建一个分层次的安全教育培训体系至关重要，涵盖从企业到项目经理，再到施工人员的三级教育。只有培训合格的员工，方可参与施工。在工程启动前，项目经理与技术负责人必须对全体施工人员进行安全技术细节的全面交底，确保员工充分理解项目安全要求和技术细节。

> ★ 小·贴士——职业健康安全管理体系
>
> 职业健康安全管理体系（Occupation Health Safety Management System，英文简写为"OHSMS"）是20世纪80年代后期在国际上兴起的现代安全生产管理模式，它与ISO 9000和ISO 14000等标准体系一并被称为"后工业化时代的管理方法"。
>
> 随着全球经济一体化的推进和国际贸易的日益频繁，企业对于建立健全职业健康安全管理体系的需求日益迫切，这既是企业自身成长的必然要求，也是全球化进程中的客观趋势。企业规模的持续扩张和生产活动的日益集中化，迫使企业必须采纳先进的管理理念和方法，以提升生产质量和运营效率。在此背景下，企业的各项业务，特别是安全生产领域，都迫切需要向科学化、规范化和法治化方向转型。这种转型，不仅关乎企业内部管理水平的提升，更是响应外部经济环境变化的必然选择。

## 第四节　安全环境管理方法

装饰工程安全环境管理主要分为以下几步。

第一步：明确安全隐患；

第二步：分析项目风险；

第三步：进行合理沟通；

第四步：设定保护措施；

第五步：保修与回访工作。

下面详细介绍安全环境管理方法的具体内容。

## 一、明确安全隐患

### 1. 收集风险信息

从项目整体和局部范围两个层次收集相关风险信息。信息收集整理的主要方法有以下几种。

① 头脑风暴法。头脑风暴（brainstorming，简称BS）法，是一种特殊形式的小组会议。

② 德尔菲法。德尔菲（Delphi）法是邀请专家匿名参加项目风险分析识别的一种方法。

③ 访谈法。访谈法是通过对资深项目经理和相关领域的专家进行访谈，对项目风险进行识别。

### 2. 确定风险因素

识别到风险后，需要将风险因素进行归类，整理出书面文件。

（1）编制项目风险清单。本清单旨在系统梳理项目中已识别的风险点，并进行详尽的记录与分析。其内容主要涉及：对风险发生的可能性进行预判，预测风险事件可能发生的时间节点及其影响范围，评估风险事件可能带来的经济损失及其对项目全局的潜在影响。此外，项目风险清单可根据风险紧迫性、费用风险、进度和质量等方面的风险，进行进一步的分类和优先级排序。

（2）风险分级管理。依据风险事件可能引发的后果严重性，将风险分为四个级别。

① 第一级：事故后果轻微，几乎可以忽略，无须采取特别应对措施。

② 第二级：事故发生可能带来一定影响，但不会造成人员伤亡或系统损坏，须考虑实施控制措施以防止事态恶化。

③ 第三级：事故后果较为严重，可能导致人员伤亡或系统损坏，须立即采取控制措施以减轻影响。

④ 第四级：事故引发灾难性后果，必须采取规避措施，确保风险得到有效排除。

## 二、分析项目风险

运用当前获取的数据资源，对装饰工程项目中潜在的风险因素进行概率分析。具体而言，考察工程延期及成本超支等潜在风险，并深入探讨这些风险对工程品质、使用功能及最终成果的影响程度。通过综合评估风险事件发生的可能性和潜在损失，来确定各类风险的量化指标及相应的风险级别，旨在为项目管理者提供决策辅助。

## 三、进行合理沟通

沟通的基础是多元化的，涵盖了合同文件、工程联系单、组织规章、第三方信息来源以及法律与法规所允许的各类文件。沟通可采取会议、书面文件、电话等形式，但正式的沟通必须以书面文件为依据，并由相关负责人签字盖章后正式发送。

如果在项目施工组织或项目管理团队内部出现混乱状况，如目标模糊、不同部门或单位间目标不一致，甚至出现严重分歧，项目经理应积极发挥其调解作用。此时，项目经理需借助有效的管理策略处理冲突，促进讨论与沟通，通过深入协商寻求多方利益的均衡，以此实现项目问题的最佳解决方案。

## 四、设定保护措施

### 1. 管理生产与生活垃圾

确定卫生责任区域及临时废弃物存放地点，以便对施工垃圾进行及时清理。施工现场应避免垃圾的随意堆放，而是设置专门的堆放点，由专门人员管理，并定期进行外运处理。垃圾分类是一项关键性的科学管理策略，旨在对废弃物进行高效的处理与回收。面对垃圾产量不断攀升以及环境质量逐步恶化的问题，通过垃圾分类的管理手段，最大限度地促进废弃物的资源化利用（图4-1）。

图4-1 垃圾分类

工程结束时，施工单位应拆除所有临时设施，并清理施工区域，确保环境整洁，符合环境管理的要求。

### 2. 管理材料与机具堆放

在施工项目执行的关键阶段，各类所需材料须依照施工计划的推进分批次抵达施工现场。对这些物料进行系统化的分类与储存，并辅以清晰的标签标识，以确保管理有序。针对易燃易爆物品，应严格依照相关规范存放于专门的仓库，并采取防盗及隔离措施以保障安全。在乙炔与氧气的存储方面，二者之间的距离须不少于5m，并且在存储时需进行封闭隔离处理。

施工人员完成每日工作后，肩负着清理工地的责任，以达到"工作完毕，场地清理"的标准。对于预制构件的加工区，无论是内部还是周边环境，均需维持清洁卫生的状态。施工过程中产生的废弃物质，应即时回收并进行合适的处置。

应明确标定禁烟区域，并配备充足的消防设备。不得擅自占用周边的公共道路，以防对交通造成不便。如施工过程中确需临时占用，则必须事先获得城市交通管理部门的批准。对于施工机械设备的维护与保养，应定期执行，并确保设备排列整齐，外观美观。

针对大型机械或其配件的搬运与安装，必须提前规划运输通道，并在施工操作中避免对其他单位或分包商的产品造成任何损害。

### 3. 禁止污水与废水乱排

为确保施工现场与临时设施区域之间的交通流畅性，必须实施有效的交通管理策略。在办公区域、临时设施地带以及施工区域，应配备足量的饮用净水设备，以保障水源的清洁。此外，严格禁止工人于现场随地解决个人排泄问题，一旦发现违规行为，不仅应施以经济处罚，还应迅速采取清理措施以消除污物。

在施工过程中，产生的污水、清洁用水以及其他相关施工用水，均需导入临时设置的沉淀池内进行沉淀处理，待处理完毕后方可排入外部环境。针对机械设备产生的污水，亦应制定明确的排放管理规定，以防止其无序排放（图4-2）。

### 4. 有效控制噪声污染

夜间施工活动，在未经现场监理单位明确许可的情况下，应予以禁止。同时，必须采取严格措施，将噪声控制在最低水平，以尽可能减少对周边环境的干扰。为此，应对电动钻机等噪声源设备安装相应的消声系统，并确保这些设备的位置尽可能远离居民区。此外，应尽量缩减夜间施工的频率，以进一步降低噪声污染的风险。

在施工机械的选择上，应优先考虑噪声较低的机型，或配备有先进消声及降噪技术的设备。对于产生较大噪声的机械，如电刨和砂轮机，必须设立专门的隔音棚，以限制噪声的传播。

### 5. 防治扬尘污染

在废物的运输过程中，必须采取防尘措施，防止扬尘和洒落。此外，夏季施工期间，对临时道路进行洒水，以减少扬尘（图4-3）。材料管理方面，需确保材料有序堆放，并及时清理运输过程中的散落物。夜间运输材料有助于减少对环境的影响。

图4-2 施工污水、废水处理

图4-3 防尘雾炮

图4-2：施工过程中产生的污水要及时清理干净，工业污水废水要集中统一处理，不可随意倾倒，造成环境污染。

图4-3：雾炮车喷射的水雾颗粒极为细小，达到微米级，在雾霾天气可以进行液雾降尘，能有效分解空气中的污染颗粒物、尘埃等，有效缓解雾霾。

## 五、保修与回访工作

### 1. 保修范围与保修期

（1）保修范围。装饰工程的各个部位都应实行保修，涵盖电气管线和上下水管线的安装工程等项目。

（2）保修期。保修期的长短直接关系到承建方、建设方的经济责任大小。装饰工程保修期从竣工验收合格之日起开始计算，在正常使用条件下的最低保修期限为：

① 卫生间、其他房间以及外墙面的防水要求，应保证至少5年的防渗漏能力。

② 在电气管线、给水排水管道、设备安装以及装修工程方面，应确保至少2年的保修期。

③ 供热与供冷系统，应保证至少2个采暖期、供冷期的使用寿命。

④ 对于其他项目的保修期限，应在工程质量保修书中明确约定。

### 2. 保修期责任与做法

（1）保修期内经济赔偿责任。在工程存在质量问题时，若其根源在于承建单位未能遵循国家规定的施工及验收标准、工程质量验收规范、设计文件要求或合同条款，则该单位需负责修复并承担相应的经济赔偿责任。若质量问题的成因是设计上的失误，则设计方应承担相应的经济责任。在此种情况下，建设方有权依据合同条款向设计方索赔。若索赔金额不足以弥补损失，建设方应自行提供补偿。如若建设方提供的材料、构件或设备不合规，或承建单位由建设方指定，导致工程质量受损，则建设方需独立承担经济赔偿责任。此外，若使用方未经授权进行改造或因使用不当导致损坏，使用方亦需承担相应的经济责任。

（2）保修流程及其处理机制。工程验收合格后，承建单位有责任向建设方提交一份关于装饰工程质量的保修书。该保修书应涵盖保修范围、具体内容、保修期限、保修责任以及相关费用等要素。在保修期内，若工程出现质量问题，建设方应填写一份维修通知书（表4-4），并将其送至承建单位。通知书中应详尽描述问题的性质、具体位置及维修联系方式，并要求承建单位派遣人员进行检查与修复。维修通知书的发出日期标志着保修责任的起始点，承建单位应在7日内派出工作人员开展保修工作。

表4-4　工程质量维修通知书（案例）

| ×× 装饰工程有限公司： |
| --- |
| 　　本工程于××××年××月××日发生质量问题，根据国家有关工程质量保修规定和《工程质量保修书》约定，请你单位派人检查修理。 |
| 质量问题及部位：厂房2层与3层卫生间漏水、渗水严重。 |
| 　　承修人自检评定：经过现场勘测，使用方改动地面瓷砖，破坏原有防水层，导致漏水、渗水，可以通过简易维修解决。<br><br>　　　　　　　　　　　　　　　　　　　　　　　　　　　　　××××年××月××日 |
| 使用人（用户）验收意见：我方支付维修费用，请及时维修。<br><br>　　　　　　　　　　　　　　　　　　　　　　　　　　　　　××××年××月××日 |
| 使用人（用户）地址：××省××市××区××路××号<br>电话：×××××××<br>联系人：×××<br><br>　　　　　　　　　　　　　　　　　　　　　　　　通知书发出日期：××××年××月××日 |

（3）承接质量保修服务流程。一旦收到工程维修通知，责任承建单位必须迅速派遣技术专家至现场实施详细检查。在检查过程中，承建方应与相关部门及人员合作，共同完成质量评估，并据此拟定维修方案，确定经济责任的分配。此外，承建单位有责任及时调动

所需的人力与物力资源，以执行维修工作，确保其对于工程品质的承诺得到落实。

（4）保修质量验收流程。妥善解决质量问题后，施工方需在保修证明文件的特定区域记录所有相关细节，并确保这些记录经过业主方的审查与认可。对于涉及结构安全的问题，必须向地方建设管理部门报告并进行备案。若质量问题牵涉到第三方的经济责任，施工方应当采取行动，迅速界定责任归属并采取适当的补偿措施。

房屋建筑工程质量保修书（示例）

建设方（全称）：_____

承建方（全称）：_____

建设方、承建方根据《中华人民共和国建筑法》《建设工程质量管理条例》和《房屋建筑工程质量保修办法》，经协商一致，对_____（工程全称）签订工程质量保修书。

**一、工程质量保修范围和内容**

承建方在质量保修期内，按照有关法律、法规、规章的管理规定和双方约定，承担本工程质量保修责任。

质量保修范围包括地基基础工程，主体结构工程，屋面防水工程，有防水要求的卫生间、其他房间和外墙面的防渗漏，供热与供冷系统，电气管线、给排水管道、设备安装工程和装修工程，以及双方约定的其他项目。具体保修的内容，双方约定如下：

_____

_____

**二、质量保修期**

双方根据《建设工程质量管理条例》及有关规定，约定本工程的质量保修期如下：

1. 地基基础工程和主体结构工程为设计文件规定的该工程合理使用年限；

2. 屋面防水工程，有防水要求的卫生间、其他房间和外墙面的防渗漏为_____年；

3. 装修工程为_____年；

4. 电气管线、给排水管道、设备安装工程为_____年；

5. 供热与供冷系统为_____个采暖期、供冷期；

6. 住宅小区内的给排水设施、道路等配套工程为_____年；

7. 其他项目保修期限约定如下：_____

质量保修期限自工程竣工验收合格之日起计算。

**三、质量保修责任**

1. 属于保修范围、内容的项目，承建方应当在接到保修通知之日起7天内派人维修。承建方不在约定期限内派人维修的，建设方可以委托他人修理。

2. 发生紧急抢修事故的，承建方在接到事故通知后，应当立即到达事故现场抢修。

3. 对于涉及结构安全的质量问题，应当按照《房屋建筑工程质量保修办法》的规定，立即向当地建设行政主管部门报告，采取安全防范措施；由原设计单位或者具有相应资质等级的设计单位提出保修方案，承建方实施保修。

4. 质量保修完成后，由建设方组织验收。

**四、保修费用**

保修费用由造成质量缺陷的责任方承担。

**五、其他**

双方约定的其他工程质量保修事项：

_____

本工程质量保修书，由施工合同中建设方、承建方双方在竣工验收前共同签署，作为施工合同附件，其有效期限至保修期满。

建设方（公章）                    承建方（公章）

法定代表人（签字）                法定代表人（签字）

××××年××月××日              ××××年××月××日

### 3.回访工作

（1）回访工作计划。在工程项目的竣工验收环节完成之后，承建单位须制订详尽的回访计划，旨在对投入使用的工程进行主动追踪，搜集用户反馈信息，并对保修问题进行及时处理（表4-5）。

表4-5　回访工作计划（××××年度）表格规范（案例）

单位负责人：×××　　　　　　回访部门：售后服务部　　　　　　编制人：×××

| 序号 | 承建单位 | 工程名称 | 保修期限 | 回访时间安排 | 参加回访部门 | 执行单位 |
|---|---|---|---|---|---|---|
| 1 | ××装饰工程有限公司 | ××厂房装修改造 | 3年 | 2024-1-18 | 工程部、售后服务部 | 工程部 |
| 2 | ××装饰工程有限公司 | ××办公装修 | 2年 | 2024-2-3 | 工程部、售后服务部 | 工程部 |
| | | | …… | | | |

（2）回访工作记录。在回访过程中，必须详细记录参与人员、存在的问题、用户反馈及相应的质量处理建议等关键信息。回访活动完成后，需将这些信息整合成回访工作记录（表4-6），其内容应涵盖工程项目概览、用户观点、回访分析及总结，以及针对质量提升的改进措施。回访主管部门将依据记录对服务进行检验与核实。

表4-6　回访工作记录表格规范（案例）

| | | | |
|---|---|---|---|
| 建设单位 | ××科技有限公司 | 使用单位 | ××科技有限公司 |
| 工程名称 | ××办公装修 | 建筑面积 | 654m² |
| 施工单位 | ××装饰工程有限公司 | 保修期限 | 2年 |
| 项目组织 | ××装饰工程有限公司项目部 | 回访日期 | ××××年××月××日 |
| 回访负责人 | ××× | 回访记录人 | ××× |
| 回访工作情况 | 经回访，各项工程使用正常，达到预期标准；少量室内墙面乳胶漆开裂，经查验为建筑外墙渗水导致，已通知物业管理部门维修外墙，工程部后续跟进维修室内 | | |

（3）回访工作方法

① 例行性回访。依据年度回访计划，对已完工并通过验收的工程执行统一的回访程序，以收集公众对工程质量的评价。此类回访可通过电话调查、研讨会或实地考察等多种形式进行，通常以半年或一年为一个周期。

② 季节性回访。针对易受季节影响而出现质量问题的工程部位，执行季节性回访。例如，在雨季对基础工程的防水情况进行检查；冬季关注采暖系统的运行状况；夏季则重点检查通风空调系统的性能。

③ 技术性回访。为确保工程中采用的新材料、新技术、新工艺及新设备的性能符合预期，需收集使用方的直接反馈，以便在实际应用中及时发现问题并采取有效的纠正措施。这种方式有助于积累宝贵的经验和教训，为设备的进一步优化和推广奠定基础。

④ 特殊性回访。对于具有特定要求、关键性或显著社会影响力的工程，应考虑进行专门回访，并实施定期或不定期的检查。此过程中，应充分听取建设方或使用者的合理意见与建议，以解决工程建设中潜在的质量问题。

### ★小·贴士——收尾工作专人负责

在工程项目的后期管理阶段，专业人员的参与至关重要，以确保工程按计划圆满完成。负责此阶段的人员需针对现场施工状况及合同约定，制定初步方案。此后，项目经理将组织相关部门负责人对方案进行细致审查，通过集体讨论形成定稿，并依此执行。此外，为了提高项目执行效率，应建立常规性的会议体系。在此体系中，项目各利益相关方将定期召开会议，全面审视项目进程，以便及时发现问题并进行处理。通过这种方式，可以有效地保障项目按照既定的轨迹稳步推进。

### 小结

施工企业的装饰施工质量，不仅反映了其整体作业的成效，而且成为衡量企业管理工作水平的关键性指标。为了确保工程任务的高标准完成，全面的质量管理手段不可或缺。文明施工，作为装饰行业持续推崇的施工哲学，旨在最大限度地减少施工期间潜在的安全风险和投诉问题，同时加强对施工安全方面的监管。工程项目管理规划中，应将环境保育作为核心内容之一，采取必要的预防措施，以避免施工活动对环境造成损害。环境保护策略的实施，是确保施工质量与可持续性的关键。

### 课后练习题

1. 工程质量管理的方法有哪些？

2. 在项目施工过程中，影响工程质量的因素有哪些？

3. 建立一个新的质量管理体系，一般需要经历哪些步骤？

4. 为了便于质量管理和控制，应该怎样进行检查验收？

5. 工程质量控制的主要途径有哪几类？

6. 对身边的装饰项目，进行风险识别，用表格的形式拟定风险清单，制定风险管理计划。

7. 根据对安全管理的认识，谈一谈安全管理体系产生的原因是什么。

8. 装饰施工过程中，明确安全隐患后，应该怎样进行控制？

9. 什么是项目的沟通管理？沟通的方式有哪些？

10. 简述施工现场针对环境保护有什么措施。

# 第五章
# 装饰工程预决算概述

**学习难度：**★★★★☆

**重点概念：**预决算作用与编制、工程结算、竣工决算、成本核算、工程估算

**章节导读：**本章聚焦于装饰工程预算与决算的核心环节，涉及众多与工程造价相关的知识点。这些知识不仅关乎工程项目的经济收益，而且是维护装饰工程品质和推动行业专业水平不断提高的重要保障。本章将逐一解析这些基本要素，从而为从业者提供一套完整的造价管理框架。

## ★小贴士——预算、结算、决算

• 预算。预算文件一般由设计或施工主体负责编制。其内容涉及施工图、技术文件、预算及费用定额，并严格依照国家及地方性法规进行编制。通过规范化的程序和一致的计费准则，预算文件旨在确定工程的预估成本，是工程预算造价的核心文件。

• 结算。工程结算文件的编制，是施工方依据工程完工后的图纸及相关资料完成的。该文件旨在确定工程的实际总成本，即财务决算。

• 决算。建设方负责编制的决算文件，是在工程项目全面完成后，依据决算编制规范对项目自筹备至交付使用的全周期费用进行总计。此文件旨在揭示工程项目的实际成本及其投资效益，是工程成本管理的最终体现。

# 第一节　装饰工程预算

## 一、概念

在进行装饰工程施工前，预算编制是一项关键性的前期工作，其主要目的是对施工过程中的费用进行预先估算。此过程严格依照国家的统一规范与标准执行。预算文件不仅涉及装饰工程资金筹备的规划，而且在工程实施的全过程中占据着不可或缺的地位。

### 1. 预算指标

预算编制中包含的关键指标旨在确定装饰工程中人工、材料以及机械的使用消耗标准，并规划相应的资金分配。

## 2. 预算计价方式

在装饰工程的预算计价方面，常见的方式有两种：定额计价与工程量清单计价。

（1）定额计价方式。以预算定额为基础，对工程的人工、材料及机械消耗量进行规范，并计算定额直接费用，以此确定单位工程的总体造价。

（2）工程量清单计价方式。根据实际工程量进行费用报价。工程量清单包含了根据设计图纸计算得出的工程总量，而定额标准则参照政府职能部门发布的最新版工程定额手册及相关软件，通过对照工程量，可以快速得出相应的价格信息，从而便于预算的编制（表5-1）。

表5-1　装饰工程清单费用组成

| 序号 | 项目名称 | 费用名称 | 费用组成 |
|---|---|---|---|
| 1 | 分部分项工程费 | 人工费 | 施工人员工资 |
| | | 材料费 | 采购材料费用 |
| | | 机械费 | 机械器具使用、磨损费用 |
| | | 管理费 | 管理人员工资、办公开销、交通差旅、劳动保险、工会经费、财务人员工资 |
| 2 | 措施费 | 安全文明施工费 | 施工安全、文明教育培训费，安全文明宣传费 |
| | | 季节气候施工费 | 冬季、夜间等非常规生产时间施工附加费 |
| | | 设备运输安装费 | 大型、特种机械设备运输与安装费 |
| | | 施工给排水、供电费 | 施工现场给水、排水、供电等设备构造的安装、拆除、维护费 |
| | | 设施、成品构造维护与保养费 | 装饰构造、设备设施完成后的维护与保养费 |
| | | 外围构造措施费 | 脚手架、安全网等外围构造措施费 |
| 3 | 其他费用 | 临时人工费 | 装饰工程项目中临时工作的人工工资、福利等 |
| | | 工程定额测定费 | 工程预算与决算定额编制、审核、校对、修改费 |
| | | 五险一金 | 全体施工人员、管理人员的社保费与公积金等政策性费用 |
| 4 | 利润 | 施工企业利润 | 国家政策指导下的企业利润 |
| 5 | 税金 | 施工企业税金 | 增值税、城市维护建设税、教育费附加、企业所得税、印花税等 |

## 3. 预算文件

装饰工程预算文件主要包括以下内容。

（1）总预算书，构成文件的核心，旨在为大型及中型装饰项目提供总体预算成本的确定依据。

（2）综合预算书，是对单项工程整体费用的汇总与评估，综合分析了工程的整体费用构成。

（3）单位工程预算书，专注于单项工程内部的各个分部，如室内装饰、厨卫装修、庭院美化以及设备安装等具体环节的费用确定。

（4）其他工程装饰及费用预算书，涉及一系列估算表格，包括单位价值计算表、估价表以及估价汇总表等，用以反映相关价值的预估。

（5）相关价值估算表，涵盖了一系列重要内容，诸如主要装饰材料、装饰成品与半成品的价格概算，以及暂估价和参考价的预算计算表等，这些表格为工程预算提供了详尽的成本分析。

💡 ★小·贴士——套定额与套清单的区别

定额是由国家（或省、市、行业等）所确立的标准体系，旨在为承包商在工程报价过程中提供关键的参考依据。此类定额的制定，一般是依据标准的建筑施工程序及工艺流程进行，每个定额所涵盖的工作内容均具有明确且唯一的特性。

清单是详细记录工程项目中所需材料的数量、规格及品质等级的列表。清单的主要作用是为承包商的报价提供数据支撑，其通常仅包含数量信息，而不涉及价格。承包商在接手项目时，需依据清单所列内容进行报价。

定额与清单的差异，主要体现在以下几个方面：首先，定额的制定是以施工的具体工序和工艺为依据，它所反映的是工程成本的标准和统一性；与此相对，清单则囊括了多个子项工程的具体内容，其编制需由承包商根据实际工程项目的具体情况来进行，更加凸显了市场定价机制以及供需关系的影响。

## 二、编制原则

为确保装饰工程预算编制的准确性，编制者应严格审查工程成本，避免预算指标与国家基本规范不符，杜绝估算的虚高或项目遗漏。编制过程中，必须保证数据真实性，确保每项预算指标均依据实际工程状况设定。

结合现代装饰产业体系与施工技术，预算编制应全面考虑材料数量、价格、成本以及设计等多重因素，旨在实现经济效益与审美、功能需求的平衡。在此过程中，编制者及审核者应树立正确的价值观，恪守廉洁公正的原则，严格遵守国家对装饰材料性能和质量的标准要求，确保所选材料质量达标。

为确保预算编制的公正性，编制与审核人员需对预算各环节进行周密的规划与评估，以维护预算编制的合理性和准确性。

## 三、行业发展

在国家经济发展的大背景下，装饰工程造价咨询行业承担着维护国家利益、社会公共利益及建设方利益的重要职责，行业的健康发展对于保障相关利益至关重要。该行业市场涵盖预算编制、项目决算审计，以及全过程的成本控制等多元化业务领域（图5-1）。

## 四、装饰工程预算基础

装饰工程的管理过程中，预算环节是核心内容，它涉及对项目经营成本的精确计算。具体而言，预算包括项目启动前的成本预算，即对所需材料、人力、机械设备的消耗及资金需求进行预估。

在编制装饰工程预算书的过程中，必须充分参考各类设计资料和经济数据，确保编制内容严格遵循国家现行规定。以下步骤是编制工作的关键。

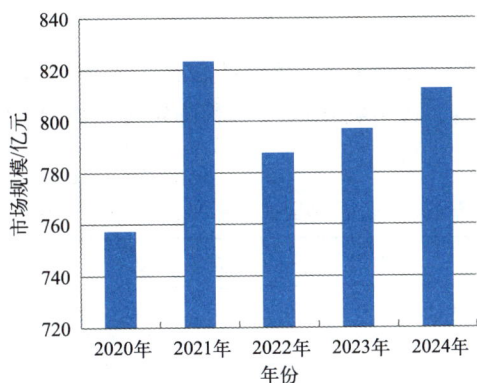

图5-1  2020～2024年中国工程造价咨询市场规模图

2015年为553.18亿元，2016年为651.6亿元，2017年为719.6亿元，2018年为779.25亿元，2019年为820.16亿元

## 1.熟悉装饰工程的设计图纸

必须对装饰工程的设计图纸进行全面熟悉和深入理解，从而洞察设计者的初衷与设计意图。这一步骤至关重要，因为它直接关系到后续工程量的准确计算（表5-2），进而确保装饰工程能够按照既定计划高效、有序地推进。

表5-2  工程量计算表（案例）

| 工程名称 | ××商场装饰改造设计方案 | 工程施工时间 | 开始时间 | ×××年××月××日 | 第×页共×页 |
|---|---|---|---|---|---|
| | | | 结束时间 | ×××年××月××日 | |
| 序号 | 工程项目名称 | 单位 | 具体位置 | 计算方式 | 数量 |
| 1 | 墙面基础改造 | m² | 一层与二层 | 墙面边长×墙面高度 | 1250 |
| 2 | 石膏板吊顶制作 | m² | 一层 | 顶面面积 | 3654 |
| 3 | 地面瓷砖铺装 | m² | 二层 | 地面面积 | 2369 |
| | ……| | | | |

注：表中具体数值应遵守装饰工程工程量的计算规则。

## 2.套用定额基价，填写预算表

以预算定额基价为依据来编制装饰工程预算表，确保预算表中的各个数值符合定额标准（表5-3）。

表5-3  装饰工程预算表（案例）

| 建设单位：××商业投资发展有限公司 | | | | | | | | | |
|---|---|---|---|---|---|---|---|---|---|
| 单位工程名称：××商场装饰改造 | | | 建筑面积/m²：16523 | | | 第×页 共×页 | ×××年××月××日 | | |
| 序号 | 单位估价号 | 工程项目名称 | 单位 | 数量 | 预算 | | 其中：人工 | | |
| | | | | | 单价/元 | 合价/元 | 单价/元 | 合价/元 | |
| 1 | CBN001 | 墙面基础改造 | m² | 1250 | 195 | 243750 | 40 | 50000 | |
| 2 | CBN002 | 石膏板吊顶制作 | m² | 3654 | 136 | 496944 | 45 | 164430 | |
| 3 | CBN003 | 地面瓷砖铺装 | m² | 2369 | 166 | 393254 | 36 | 85284 | |
| | ……| | | | | | | | |

### 3. 计算小计金额

针对装饰工程各个分部或分项的工程成本（包括但不限于人工费、材料费等），进行细致的核算。汇总这些费用后，计算得出分项工程的定额直接费用，并将结果详尽记录于相关表中（表5-4）。

表5-4　装饰工程预算直接费汇总表（案例）

| 序号 | 工程项目名称 | 直接费 | | | | |
|---|---|---|---|---|---|---|
| | | 小计 | 人工费/元 | 机械费/元 | 材料费/元 | …… |
| 1 | 墙面基础改造 | 195 | 40 | 35 | 120 | |
| 2 | 石膏板吊顶制作 | 136 | 45 | 26 | 65 | |
| 3 | 地面瓷砖铺装 | 166 | 36 | 10 | 120 | |
| | …… | | | | | |
| | 现场经费合计 | | | | | |
| | 工程直接费总计 | | | | | |

工程名称：××商场装饰改造

### 4. 计算应取费用

在完成单位装修工程直接费用的计算之后，对应当提取的费用进行全面的汇总与计算。

### 5. 计算总体工程造价

审核并复查直接费、间接费、利润、税金等各项费用后，再次进行汇总，以此为基础，进行综合整理，进而计算出装饰工程的总体工程造价。

### 6. 填写编制说明、封面

撰写装饰工程预算的说明文档，其中应详细记录编制过程中的文字解释、依据的装饰设计图纸、预算定额与取费标准、计算材料差价的依据、编制补充单价的依据、参考的基础资料，以及其他需要补充说明的事项。

### 7. 将编制好的预算文件进行装订

对已编制完成的预算文件进行装订，检查是否存在遗漏或错误，确保预算的精确性，防止在装饰工程施工过程中出现不必要的问题。

## 第二节　装饰工程结算与竣工决算

### 一、工程结算内容

工程结算是指在建设项目完成后，施工方依据施工期间所发生的变更事项，对先前施工设计图预算的成本或合同中约定的工程承包价格进行相应的调整。此过程的目的在于，通过重新估算工程的总成本，确保结算价格的合理性，进而制定出一份详尽的工程结算文件。工程结算包含以下内容。

（1）相关招标、投标、计价文件。

（2）装饰工程施工合同、有关协议及相关证明（表5-5～表5-10）。

表5-5　装饰工程结算通知书（案例）

**装饰工程结算通知书**

**致××装饰工程有限公司（承建方）：**

目前××商场装饰改造工程施工已完全结束，且已具备工程结算条件，请贵司（或单位）于××××年××月××日之前将已经审核且合格的装饰工程结算资料报送至我司（或单位）工程部（联系电话：××××××××××）。若因结算资料未按时报送，导致不能按时办理工程结算、付款等后果，本司（或单位）不承担责任。

需注意，报送的装饰工程结算资料必须确保真实、完整，在审核过程中本司（或单位）将不再另外接收工程结算资料，包括施工图纸、经济签证以及设计变更单等。审核过程中所发现的遗漏项目在原则上将不作增加和调整，特殊情况则需在甲、乙双方均同意的情况下才可增补。

为节省核对时间，报送的装饰工程结算资料内容必须真实有效，不得出现高估冒算的情况。如贵司（或单位）报送的工程结算报价超过最终审定价的5%，则所有的审核费用由承包人承担；如果工程结算报价超过最终审定价的10%，则将扣取超出部分的5%作为罚款（不包含审核费用），本司（或单位）有权在装饰工程结算款中扣除；情节严重者，将取消贵司（或单位）今后参与本司（或单位）工程的投标资格以及承包资格。

特此通知！

××商业投资发展有限公司（或工程部）<br>（盖章）<br>××××年××月××日

签收单位：（承建方名称）××装饰工程有限公司　　　　签收人：（承建方负责人签字）×××

××××年××月××日

注：本通知书交由工程部即合同执行部门填写，随之附带完整的装饰工程结算资料，并将其提交至成本管理部，若工程结算资料不完整则成本管理部有权拒收并不予结算。

表5-6　装饰工程结算工作交接单（案例）

| 工程项目名称 | ××商场装饰改造 |
|---|---|
| 施工单位 | ××装饰工程有限公司 |
| 实际施工范围简述 | 商场一、二、三层指定部位装修改造 |
| 按合同执行情况 | 1.验收情况：☑已通过　　　□未验收（或未通过）原因：＿＿＿＿＿＿<br>2.工期：<br>合同工期：××××年××月××日至××××年××月××日<br>实际工期：××××年××月××日至××××年××月××日<br>工期延误/缩短：＿＿＿＿天，奖/罚：＿＿＿＿元<br>3.质量奖/罚：奖金合计＿＿＿＿元，索赔合计＿＿＿＿元<br>4.其他：无 |
| 合同及图纸内容完成情况 | ☑已全部完成　　　□未完成情况：＿＿＿＿＿＿＿＿＿＿＿＿＿＿＿＿＿<br>该项目施工使用的施工图为××装饰工程有限公司×××年××月×版<br>施工和材料使用与施工图不相同部分说明（如果全部相同则不需要填写）：＿＿＿＿＿ |
| 变更内容及签证完成情况 | ☑无变更　　　□有变更并已经全部完成　　　其中属于设计变更＿＿＿份<br>□变更未完成情况说明：＿＿＿＿＿＿＿＿＿＿＿＿＿＿＿＿＿＿＿＿＿＿ |

| 结算资料齐备情况 | 1.施工方报送的结算书：☑有　　　□无<br>2.竣工图纸：☑有　　　□无<br>3.签证：共＿＿份<br>4.结算资料：结算通知单、工程竣工验收证书、合同复印件等<br>5.其他：无 |
|---|---|
| 甲供材料设备 | □无　　☑有，材料/设备简称：空调、灯具、洁具设备等<br>汇总清单附件，共计＿＿页 |
| 工程进行中索赔与扣款情况（包括但不限于：合同签证变更之外的增减款事项、工程遗留、施工现场清理、甲供材料、隐蔽工程等问题） | ☑无　　□水费＿＿元　　□电费＿＿元<br>□水电费、管理费依据合同比例扣款<br>□索赔通知编号：＿＿＿＿＿＿＿＿＿＿＿<br>□其他扣款情况说明（扣款经办人需签字确认）： |

| 工程部对本表格上述内容核对无误，符合办理工程结算的条件，并同意转交至成本部办理结算。 | |
|---|---|
| 工程部经办人：×××　 | 日期：××××年××月××日 |
| 工程部经理意见：核对无误，同意结算 | 日期：××××年××月××日 |
| **成本部接收情况** 　成本部经办人：××× | 日期：××××年××月××日 |

注：1. 加粗文字以上部分由工程负责人确认，其余部分由成本部接收人确认。

2. 填表人在"□"内打钩即为确认，其余内容均需做必要的说明。

3. 本表一式两份，由工程部经办人填写，成本部、工程部各留存一份。

表5-7　装饰工程竣工验收证书（案例）

| 工程名称 | ××商场装饰改造 | |
|---|---|---|
| 承建方名称（盖章） | ××装饰工程有限公司 | |
| 工程概况（由承包方填写）：<br>**包括装饰工程的施工状况、施工范围、施工起止时间以及完工情况等**<br>1.墙面基础改造：将商场现有墙体拆除后重新制作轻钢龙骨石膏板隔墙，包括商场一、二、三层全部隔墙，根据设计图纸施工，施工起止时间为××××年××月××日至××月××日，全部按期完成。<br>…… | | |
| 验收评定意见（由工程监理或现场专业工程师填写）：<br>工程符合预期设计，验收合格。 | | |
| 施工存在问题处理（由工程监理或现场专业工程师填写）：<br>二层存在少量建筑垃圾与设备未清理，请立即清理。 | | |
| 是否同意结算（由工程部经理勾选确定）：☑同意　　□不同意　　理由：符合验收合格标准 | | |
| 参验单位会签 | | |
| 承建方（签字）： | 专业监理工程师（签字）： | 总监理工程师（签字）： |
| 现场专业工程师（签字）： | 工程部经理（签字）： | 工程总监（签字）： |

注：本表一式四份，施工单位存档一份，工程部、成本部以及行政部各执一份，无监理的工程项目可不填写。

表5-8　装饰工程结算申报书（案例）

**装饰工程结算申报书**

合同名称：××商场装饰改造施工合同　　　　　合同编号：×××××××

承建方：××装饰工程有限公司　　　　　　　　合同金额/元：×××××

合同计价方式：参考国家定额，结合当地市场价格编制

变更说明：1. 地砖材料指定品牌与规格，根据采购价据实结算。

　　　　　2. 吊顶石膏板采用双层结构，增加主材费一倍。

　　　　　……

结算方式以及结算总价：据实结算为×××××元

结算审计承诺书：

××商业投资发展有限公司：

我方已完成本工程竣工结算资料整理以及相关编制工作，现向贵司（或单位）作出如下承诺：

1. 在审价过程中不再补充或增加任何结算资料，包括相关图纸、经济签证以及设计变更单等，对应的费用也将不再结算。

2. 在审价过程中如某些费用结算申请缺少相关图纸、经济签证以及设计变更单等支持文件时，同意贵司（或单位）将该费用扣除，不予结算。

3. 在审价过程中，若送审结算书中有遗漏项目，均视为让利给贵司（或单位），不再作增加调整。

4. 在审价过程中，若送审结算书中项目的工程里有少算项目，均视为让利给贵司（或单位），不再作增加调整。

5. 审价结束，如果我司（或单位）报送的装饰工程结算的造价超过最终审定价的5%，超过5%的审核费用由我司（或单位）承担；如超出最终审定的10%，我司（或单位）同意按超出部分的8%扣取结算造价作为结算审核费。我司（或单位）同意在工程结算款中扣除该费用。

　　　　　　　　　　　　　　　　　　　　　　　　××装饰工程有限公司（盖章）

编制人（签字）：×××　　　　　　　　负责人（签字）：×××

　　（盖章）　　　　　　　　　　　　　　　（盖章）

　　　　　　　　　　　　　　　　　　　　　　　日期：××××年××月××日

表5-9　建设单位付款情况表（案例）

| 合同名称 | ××商场装饰改造施工合同 | | 合同编号 | ××××××××× |
|---|---|---|---|---|
| 承建方 | ××装饰工程有限公司 | | 合同造价/元 | ××××× |
| 累计已付款项 | 合同内款项/元 | ××××× | 税票金额/元 | ××××× |
| | 合同外款项/元 | ××××× | 税票金额/元 | ××××× |
| | 其他/元 | ××××× | 税票金额/元 | ××××× |
| | 扣预付款/元 | ××××× | | |
| | 水电费/元 | ××××× | | |
| | 代付材料款/元 | ××××× | | |
| | 小计/元 | ××××× | 税票金额/元 | ××××× |
| 累计已扣款项 | 代扣配合费/元 | ××××× | | |
| | 罚款/元 | ××××× | | |
| | 其他/元 | ××××× | | |
| | 小计/元 | ××××× | | |

| 截至×××年××月××日<br>累计实际已付款/元：×××× | 税票金额/元：××××× |
|---|---|
| 财务经办人（签字）：×××<br>（盖章） | 财务会计（签字）：×××<br>（盖章） |
| 项目经理（签字）：×××<br>（施工单位财务章　盖章） | 财务出纳（签字）：×××<br>（建设单位财务章　盖章） |

注：本表经我司（或单位）财务人员核对无误后即可作为《装饰工程结算申报书》的附件，报送至工程部。

表5-10　装饰工程竣工结算造价协议书（案例）

| 装饰工程竣工结算造价协议书 | | | |
|---|---|---|---|
| 工程名称 | ××商场装饰改造 | 合同编号 | ××××××× |
| 承建方 | ××装饰工程有限公司 | 开工日期 | ×××年××月××日 |
| | | 竣工日期 | ×××年××月××日 |
| 合同造价（☑包干总价；□暂定总价）：××××元 | | | |
| 施工单位报送结算造价：××××元 | | | |
| 序号 | 工程结算项目名称 | 金额/元 | 备注 |
| 1 | 双方确认最终审定结算造价 | ××××× | 工程保修期：从×××年××月××日起到×××年××月××日止，共计×年 |
| 2 | 应扣款项目小计 | ××××× | |
| 2.1 | 罚款 | ××××× | 扣款说明：安全违规 |
| 2.2 | 工期延误赔偿 | ××××× | 扣款说明：地面铺装延误2日 |
| 2.3 | 水费 | ××××× | 扣款说明：根据水表据实结算 |
| 2.4 | 电费 | ××××× | 扣款说明：根据电表据实结算 |
| | …… | | |
| 3 | 质保金 | ××××× | 质保金3% |
| 4 | 应付余款 | ××××× | 不含质保金 |
| | …… | | |
| 甲方：（盖章）××商业投资发展有限公司<br>代表：（签字）×××<br>日期：×××年××月××日 | | 乙方：（盖章）××装饰工程有限公司<br>代表：（签字）×××<br>日期：×××年××月××日 | |

注：1.甲、乙双方共同确认本协议书所写内容，有关债权、债务等以本工程结算为标准进行清偿。
2.本协议一式六份，甲、乙双方各执三份。

（3）经过建设主体审核并批准的施工组织计划中，所有的内容均须完成相应的签证程序。这些项目涉及材料清单、人力清单、机械设备的用量明细、临时水电布置图、施工策略、安全防护措施，以及质量标准等方面。在材料费用预算方面，其计算公式为：

$$预算价 = 采购成本 + 运输费用 + 包装费用 + 供应手续费 + 保管费用$$

合同甲方提供的材料详单，列举了材料的型号、供应量、退货量、单价以及具体的使用部位。

（4）会议交流文件记录了装饰工程施工图的审核与设计修改情况，包含了图纸审查和施工方案讨论期间的必要会议记录、监理技术指导文件以及临时工作分配单等。

（5）施工过程中的文件资料涵盖了隐蔽工程记录和工程进度证明。此外，还包括：施工期间的经济签证文件，乙方选购材料的定价单、购货凭证和订购合同等有效证明文件；甲方外包项目的工程说明、外包合同的副本或协议、各类外包工程的单价信息；施工用水用电的价格及使用量、施工遗留项目的说明、图纸以外增加内容的说明、施工中发现的设计问题及解决情况的记录；以及工程成本报告、工程结算文件、审计报告等。

## 二、编制工程结算

装饰工程结算编制的流程，通常涉及一系列严谨的阶段划分，包括初步筹备、具体编制以及最终审核三个环节。在完成最终审核之后，为确保文件的准确无误与合法性，必须由负责编制、校对以及审核的各方分别签字盖章，以确认其有效性。

### 1. 筹备阶段

在与工程结算相关的前期筹备工作中，核心任务在于搜集并整合与装饰工程项目密切相关的各类资料，同时对该项目的整体情况有一个清晰的认识。主要内容包括：

（1）针对本地适用的国家定额标准文献及相关软件，执行系统的搜集和采购程序。

（2）对涉及预算的资料进行详尽的统计与分析，确立计价准则及其相关规范。

（3）通过调研和实地考察，评估当地材料及劳动力市场的价格，确保其真实性与精确度。

（4）在施工地点对工程量进行再次核实，确保数据的准确性。

（5）整理并归档工程实施过程中的关键文件，包括但不限于合同文件、中期验收记录、会议纪要等。

### 2. 编制阶段

在项目实施前期的编制阶段，工作人员承担着对工程量信息进行系统收集与整合的任务，旨在形成初步的成果文件。此类文件的质量管理责任归属编制人员。具体作业内容涉及以下几个方面：

（1）细致核实变更后的工程细节及其相应的工程量。

（2）通过比对设计图纸与施工现场的实际状况，逐项计算各项工程的工程量。

（3）依据招标文件及合同的具体条款，开展计价作业。

（4）对工程索赔进行量化计算。

（5）汇总并整理所有计算得出的工程量及费用清单。

（6）编写详细的编制说明，阐释结算编制的基础与执行过程。

（7）计算并分析项目的关键技术经济指标。

（8）对结算文件进行严格的审核和校对，确保无误后提交最终的结算编制成果。

### 3. 审核阶段

在审核环节，工程结算编制的后续工作主要围绕成果文件的审核与审定展开。首先，完成编制的工程结算资料须提交至相关部门负责人，由其对初步成果文件实施详尽的审核。经过严格审查，若文件被认为不存在任何差错，则工程结算审定人员可对审核通过的文件进行进一步的审定操作，并在确认无遗漏后，对文件盖章，以示认可。

## 三、竣工决算内容

在工程管理领域，对装饰工程从策划启动至完工投产的整个过程中所产生的实际支出进行全面汇总的工程决算，构成了固定资产交付使用的关键凭证。

### 1. 竣工财务决算报告

竣工财务决算报告的核心在于详尽描述装饰工程完工后的成效与经验，并对竣工财务决算报表提供深入分析及补充性阐释。该报告是对工程投资及成本进行全面评估与审视的重要文献资料。

### 2. 竣工财务决算报表

针对装饰工程，竣工财务决算报表的编制需依据项目的规模大小进行区分，分别制定适用于大型、中型以及小型建设项目的报表格式。表5-11～表5-16为空白示例，在实践中根据具体项目内容，参考本章表5-2～表5-10内容尝试填写。

表5-11　建设项目竣工财务决算审批表（空白示例）

| 建设项目法人（建设单位） | | 建设性质 | |
|---|---|---|---|
| 建设项目名称 | | 主管部门 | |
| 开户银行意见：<br><br>（盖章）<br>年　　月　　日 | | | |
| 专员办审批意见：<br><br>（盖章）<br>年　　月　　日 | | | |
| 主管部门或地方财政部门审批意见：<br><br>（盖章）<br>年　　月　　日 | | | |

表5-12　大、中型建设项目竣工工程概况表（空白示例）

| 建设项目（单项工程）名称 | | | 建设地址 | | |
|---|---|---|---|---|---|
| 主要设计单位 | | | 主要施工企业 | | |
| 占地面积/m² | 计划 | | 总投资/万元 | 设计 | 固定资产 |
| | | | | | 流动资产 |
| | 实际 | | | 实际 | 固定资产 |
| | | | | | 流动资产 |
| 建设起止时间 | 设计 | 从　　年　　月开工至　　　年　　月竣工 | | | |
| | 实际 | 从　　年　　月开工至　　　年　　月竣工 | | | |
| 设计概算批准文号 | | | | | |
| 新增生产能力 | 能力（效益）名称 | 设计 | | | |
| | | 实际 | | | |

| 完成主要工程量 | 建筑面积 / m² | 设计 | | | |
| | | 实际 | | | |
| | 设备数/（台、套、t） | 设计 | | | |
| | | 实际 | | | |
| 基建支出 | 项目 | 概算/元 | 实际/元 | 主要指标 | |
| | 建筑安装工程 | | | | |
| | 设备、工具、器具 | | | | |
| | 待摊投资（其中：建设单位管理费） | | | | |
| | 其他投资 | | | | |
| | 待核销基建支出 | | | | |
| | 非经营性项目转出投资 | | | | |
| | 合计 | | | | |
| 主要材料消耗 | 名称 | 钢材 | 木材 | 水泥 | |
| | 单位 | t | m³ | t | |
| | 概算/元 | | | | |
| | 实际/元 | | | | |
| 主要技术经济指标 | | | | | |
| 收尾工程 | 工程内容 | 投资额 | | 完成时间 | |
| | | | | | |

表5-13　大、中型建设项目竣工财务决算表（空白示例）　　　　　单位：元

| 资金来源 | | 金额 | 资金占用 | | 金额 | 补充资料 |
|---|---|---|---|---|---|---|
| 一、基建拨款 | 1.预算拨款 | | 一、基本建设支出 | 1. 交付使用资产 | | 1. 基建投资借款期末余额 |
| | 2.基建基金拨款 | | | 2. 在建工程 | | 2. 应收生产单位投资借款期末余额 |
| | 3.进口设备转账拨款 | | | 3. 待核销基建支出 | | |
| | 4.器材转账拨款 | | | 4. 非经营性项目转出投资 | | 3. 基建结余资金 |
| | 5.煤代油专用基金拨款 | | 二、应收生产单位投资借款 | | | |
| | 6.自筹资金拨款 | | 三、拨付所属投资借款 | | | |
| | 7.其他拨款 | | 四、器材 | | | |
| 二、项目资本金 | 1.国家资本 | | 五、待处理器材损失 | | | |
| | 2.法人资本 | | 六、货币资金 | | | |
| | 3.个人资本 | | 七、预付及应收款 | | | |

| 资金来源 | | 金额 | 资金占用 | 金额 | 补充资料 |
|---|---|---|---|---|---|
| 三、项目资本公积金 | | | 八、有价证券 | | |
| 四、基建借款 | | | 九、固定资产 | | |
| 五、上级拨入借款 | | | 固定资产原值 | | |
| 六、企业债券资金 | | | 减：累计折旧 | | |
| 七、待冲基建支出 | | | 固定资产净值 | | |
| 八、应付款 | | | 固定资产清理 | | |
| 九、未交款 | 1.未交税金 | | 待处理固定资产损失 | | |
| | 2.未交基建收入 | | | | |
| | 3.未交基建包干结余 | | | | |
| | 4.其他未交款 | | | | |
| 十、上级拨入资金 | | | | | |
| 十一、留成收入 | | | | | |
| 合计 | | | 合计 | | |

表5-14　大、中型建设项目交付使用资产总表（空白示例）　　　　　　　　单位：元

| 单项工程项目名称 | 总计 | 固定资产 | | | | | 流动资产 | 无形资产 | 其他资产 |
|---|---|---|---|---|---|---|---|---|---|
| | | 建筑工程 | 安装工程 | 设备 | 其他 | 合计 | | | |
| | | | | | | | | | |
| | | | | | | | | | |
| | | | | | | | | | |

支付单位：

（盖章）

年　　　月　　　日

接收单位：

（盖章）

年　　　月　　　日

表5-15　建设项目交付使用资产明细表（空白示例）

| 单项工程项目名称 | 建筑工程 | | | 设备、工具、器具、家具 | | | | | 流动资产 | | 无形资产 | | 其他资产 | |
|---|---|---|---|---|---|---|---|---|---|---|---|---|---|---|
| | 结构 | 面积/m² | 价值/元 | 规格型号 | 单位 | 数量 | 价值/元 | 设备安装费/元 | 名称 | 价值/元 | 名称 | 价值/元 | 名称 | 价值/元 |
| | | | | | | | | | | | | | | |
| | | | | | | | | | | | | | | |
| 合计 | | | | | | | | | | | | | | |

支付单位：

（盖章）

年　　　月　　　日

接收单位：

（盖章）

年　　　月　　　日

## 表5-16 小型建设项目竣工财务决算表（空白示例）

| 建设项目名称 | | | | 建设地址 | | | |
|---|---|---|---|---|---|---|---|
| 设计概算批准文号 | | | | | | | |
| 占地面积/m² | 计划 | | 总投资/万元 | 计划 | 固定资产 | | |
| | | | | | 流动资产 | | |
| | 实际 | | | 实际 | 固定资产 | | |
| | | | | | 流动资产 | | |
| 建设起止时间 | 计划 | | 从 年 月开工至 年 月竣工 | | | | |
| | 实际 | | 从 年 月开工至 年 月竣工 | | | | |
| 新增生产能力 | 能力（效益）名称 | | | | | | |
| | 设计 | | | | | | |
| | 实际 | | | | | | |

| | 项目 | 概算/元 | 实际/元 |
|---|---|---|---|
| 基建支出 | 建筑安装工程 | | |
| | 设备、工具、器具 | | |
| | 待摊投资（其中：建设单位管理费） | | |
| | 其他投资 | | |
| | 待核销基建支出 | | |
| | 非经营性项目转出投资 | | |
| | 合计 | | |

| | 项目 | 金额/元 |
|---|---|---|
| 资金来源 | 一、基建拨款（其中：预算拨款） | |
| | 二、项目资本金 | |
| | 三、项目资本公积金 | |
| | 四、基建借款 | |
| | 五、上级拨入借款 | |
| | 六、企业债券资金 | |
| | 七、待冲基建支出 | |
| | 八、应付款 | |
| | 九、未交款（其中：未交基建收入、未交包干结余） | |
| | 十、上级拨入资金 | |
| | 十一、留成收入 | |
| | 合计 | |

续表

| | 项目 | 金额/元 |
|---|---|---|
| 资金占用 | 一、交付使用资产 | |
| | 二、待核销基建支出 | |
| | 三、非经营性项目转出投资 | |
| | 四、应收生产单位投资借款 | |
| | 五、拨付所属投资借款 | |
| | 六、器材 | |
| | 七、货币资金 | |
| | 八、预付及应收款 | |
| | 九、有价证券 | |
| | 十、原有固定资产 | |
| | 合计 | |

## 四、编制竣工决算

在工程竣工决算的编制工作过程中，关键在于确保其与初步预算的基准一致性。此阶段的核心任务是搜集、整理以及核实相关的文件资料，依据这些资料进行详细的项目数量计算，并将所得数据准确填写至对应的表格中，直至所有报表的填写工作全部完成。

随后将填写好的报表和相关资料汇编成册，经过严格的审查后，将这些已装订的决算资料正式纳入竣工文件体系。这些文件随后会提交至负责监管的政府机构，以接受进一步的审查。在财务成本核算方面，相关部分还需提交至开户银行进行签证确认。

在装饰工程竣工决算的呈报流程中，不仅需向主管部门提交报告，同时亦应抄送一份至设计单位。针对大型和中型建设项目的竣工决算，则需额外抄送至财政部，开户银行总行，省级、市级或自治区财政厅，以及开户银行分行各一份，以履行相应的行政程序和财务要求。表 5-17 ～表 5-19 为空白示例，在实践中根据具体项目内容，参考本章表 5-2 ～表 5-10 内容尝试填写。

表5-17　装饰工程决算书（空白示例）

| 建设方 | | 承建方 | |
|---|---|---|---|
| 工程名称 | | 工程地址 | |
| 决算总价（大写） | | （小写） | |
| 建设方（盖章）<br>负责人：<br>编审人：<br>　年　　月　　日 | | 承建方（盖章）<br>负责人：<br>编审人：<br>　年　　月　　日 | |

表5-18　装饰工程竣工决算审计汇总表（空白示例）

| 序号 | 审计事项 | 送审金额/元 | 审定金额/元 | 核减金额/元 | 核减率/% | 备注 |
|---|---|---|---|---|---|---|
| 一 | | | | | | |
| 1 | | | | | | |
| 2 | | | | | | |
| | …… | | | | | |
| 二 | | | | | | |
| 1 | | | | | | |
| 2 | | | | | | |
| | …… | | | | | |
| | 合计 | | | | | |

表5-19　装饰工程竣工决算单（空白示例）

| 建设方 | | 工程地址 | |
|---|---|---|---|
| 竣工日期 | | 决算时间 | |
| 一、合同造价：<br>¥：_____　　　人民币（大写）：_____ | | | |
| 二、中期决算造价：<br>¥：_____　　　人民币（大写）：_____ | | | |
| 三、竣工决算内容<br>1.中期预决算后，共发生变更_____项<br>其中变更增加_____项，合计人民币（大写）：_____<br>其中变更减少_____项，合计人民币（大写）：_____<br>实际发生比中期预算增加人民币（大写）：_____<br>实际发生比中期预算减少人民币（大写）：_____<br>2.（详细决算内容见工程决算明细表） | | | |
| 四、工程决算总造价：<br>¥：_____　　　人民币（大写）：_____ | | | |
| 五、决算款（工程决算总造价减去已付款项）：<br>¥：_____　　　人民币（大写）：_____ | | | |
| 建设方签字 | | 项目经理签字 | 客户经理签字 |

# 第三节　装饰工程成本核算

## 一、装饰工程直接费

装饰工程直接费是指在装饰工程施工过程中，直接用于工程实体的费用。它包括人工费、材料费、机械使用费、措施费等。直接费是装饰工程成本的核心部分，占总成本的比例较大，对工程的质量和投资回报具有决定性作用。

### 1.人工费

人工费主要包括施工人员的工资、奖金等。人工费是装饰工程直接费中的重要组成部分，施工人员的技术水平、工作效率直接影响工程质量和进度。

### 2. 材料费

材料费主要包括装饰工程所需的各种原材料、辅助材料、构配件等。材料费在装饰工程直接费中占比较大，材料的选用和质量控制对工程成本和质量具有重要影响。

### 3. 机械使用费

机械使用费主要包括施工过程中所需的各类机械设备的使用费、维修费、折旧费等。机械使用费的高低与施工效率、工程质量密切相关。

### 4. 措施费

措施费主要包括施工过程中的临时设施费、安全防护费、文明施工费等。措施费是为了保证施工顺利进行、提高工程质量而产生的费用。

## 二、装饰工程间接费

除预决算中明确指出的各项费用外，还应对装饰工程进行间接费核算，来反映承包商的盈利状况。间接费核算的内容如下：

### 1. 企业管理成本

在建筑装饰工程的组织与实施过程中，企业运营管理成本涵盖了建设方或施工方所需承担的多种经营性开支。该类费用涉及多个方面，如人员的基本薪酬、出差交通费用、日常办公支出、固定资产的折旧与维修费用、工具及用品使用费、工会活动经费，以及其他杂项费用如保险、教育费用等。

### 2. 财务成本

财务成本主要指建设方或承建方在资金筹集过程中所产生的各项费用。这些费用包括但不限于短期运营贷款利息的净支出、金融机构的手续费、外汇交易的手续费、汇兑损失以及其他与资金筹措相关的财务支出。

## 三、成本分类与控制

### 1. 成本分类

（1）预算成本。预算成本是基于装饰工程项目的规模以及国家预算定额取费标准来确定的一种平均成本或企业标准成本。这一指标对于管理和控制成本支出、评估项目进度和成果具有重要意义（表5-20）。

表5-20　预算成本表（案例）

| 一层厂房装修工程(3350m²) | | | | | | |
|---|---|---|---|---|---|---|
| 序号 | 项目名称 | 单位 | 工程量 | 单价/元 | 总价/元 | 工艺和主要材质说明及备注 |
| 一、墙、地面工程 | | | | | | |
| 1 | 砌墙隔墙 | m² | 242.4 | 140 | 33936 | 150mm厚、宽300mm×长600mm轻质砖，金字塔牌混合砂浆砌筑，找平，人工主材辅材全包 |
| 2 | 车间隔断宣传墙 | m² | 95 | 95 | 9025 | ∟40钢结构金属焊接，人工主材辅材全包 |

| 序号 | 项目名称 | 单位 | 工程量 | 单价/元 | 总价/元 | 工艺和主要材质说明及备注 |
|---|---|---|---|---|---|---|
| 3 | 铁皮工具箱 | m² | 52 | 380 | 19760 | 面积800mm×500mm，开门铁皮箱，人工主材辅材全包 |
| 4 | 砌墙粉刷 | m² | 484.8 | 22 | 10665.6 | 刮腻子两遍，砂纸打磨，多乐士乳胶漆滚涂两遍，人工主材辅材全包 |
| 5 | 环氧自流地坪 | m² | 3350 | 45 | 150750 | 高强度等级环氧地坪，基础打磨及裂缝、伸缩缝处理；刮环氧树脂漆+石英砂；打磨及清扫；刮涂环氧树脂漆自流平腻子层；环氧树脂地坪涂料面层两遍，镘涂环氧树脂漆自流平面层，含踢脚线高度150mm涂刷；人工主材辅材全包 |
| 6 | 楼梯间机房砌筑 | m² | 9.5 | 140 | 1330 | 150mm厚、宽300mm×长600mm轻质砖，金字塔牌混合砂浆砌筑，找平，人工主材辅材全包 |
| 7 | 机房粉刷 | m² | 28 | 22 | 616 | 刮腻子两遍，砂纸打磨，多乐士乳胶漆滚涂两遍，人工主材辅材全包 |
| 8 | 进门LOGO（标识）和宣传栏版面 | 项 | 1 | 1800 | 1800 | 制作LOGO，有机玻璃板雕刻，人工主材辅材全包 |
| | 小计 | | | | 227882.6 | |
| 二、门窗工程 | | | | | | |
| 1 | 封门隔墙 | m² | 54 | 162 | 8748 | 150mm厚、宽300mm×长600mm轻质砖，金字塔牌混合砂浆砌筑，找平，人工主材辅材全包 |
| 2 | 人员进出防盗铁门 | 项 | 2 | 2600 | 5200 | 中德派森牌钢制防盗门，含五金件等，宽1800mm、高2400mm，人工主材辅材全包 |
| 3 | 调试工房对开铁门 | 项 | 1 | 3600 | 3600 | 工房对开铁门，宽2400mm、高3000mm，含五金件等，人工主材辅材全包 |
| 4 | 仓库对开铁门 | 项 | 1 | 3600 | 3600 | 仓库对开铁门，宽2400mm、高3000mm，含五金件等，人工主材辅材全包 |
| 5 | 值班室防盗铁门 | 项 | 1 | 800 | 800 | 中德派森牌钢制防盗门，含五金件等，人工主材辅材全包 |
| 6 | 机房单开门 | 项 | 1 | 800 | 800 | 中德派森牌钢制防盗门，含五金件等，人工主材辅材全包 |
| 7 | 窗防盗铁栏 | m² | 38.5 | 155 | 5967.5 | 普通不锈钢防盗网，人工主材辅材全包 |
| 8 | 窗帘 | m² | 38.5 | 42 | 1617 | 遮光垂挂窗帘定做，人工主材辅材全包 |
| 9 | 监控室塑钢窗 | m² | 3.2 | 260 | 832 | 塑钢型材，5mm厚玻璃，宽1800mm×高1800mm，人工主材辅材全包 |
| | 小计 | | | | 31164.5 | |

（2）预期成本。以工程项目预算成本为基础，并综合考量实际建筑装饰工程的具体情况，进而确定的一种标准成本指标。

（3）实际成本。建筑装饰工程在实际施工过程中所产生的费用总和，这一指标全面体现了施工过程中人力与资源投入的综合消耗量。

### 2. 控制方法

（1）优化人力资源配置，构建高效施工计划，降低非生产性人员比例，以提高生产效率及降低人工成本。

（2）在材料管理方面，实施量价分离原则，严格控制材料使用，并动态监控材料价格。

（3）合理控制施工机械费用，通过制定施工组织方案，匹配机械型号与数量，并加强设备维护与管理，采纳租赁策略，避免资源浪费。

（4）强化合同管理与索赔策略。通过加强合同管理，预防合同争议导致的额外费用。在施工过程中，注重收集和记录可能用于索赔的证据，确保在合同争议发生时能够迅速应对。

（5）提升分包工程的管理水平。依据工程特性，合理选择分包项目，并在分包过程中加强管理和监督。

## 四、核算细节

对物料流动（包括收货、发货、清查以及库存盘点等环节）的跟踪与验证，是确保成本费用准确记录的基础。依据实际运营状况，企业应对成本定额进行必要的调整或更新，以强化成本控制，规避计算中的各类偏差及非法占用成本的风险。

在施工阶段，企业必须对产生的所有费用进行仔细审查，严格遵循预算标准，并确保每项开支的合理性。企业还应采取主动的成本管理策略，以优化财务审核流程。最终依据施工承包合同的条款，企业需建立详尽的工程项目台账，以记录项目的各项信息，从而满足合同要求，并提升整体的管理效能（表5-21）。

表5-21　某项目工程成本核算（案例）

| 项目名称 | 分类名称 | 单位 | 成本单价/元 | 工程量 | 成本小计/元 |
|---|---|---|---|---|---|
| 凹凸造型门刷混油 | 油漆-木门 | 扇 | 60 | 12 | 720 |
| 百叶门刷混油 | 油漆-木门 | 扇 | 65 | 23 | 1495 |
| 白色混油饰面暖气罩（1） | 木作-家具 | m | 70 | 34 | 2380 |
| 卫生间五金件安装（1） | 水电-安装 | 套 | 300 | 5 | 1500 |
| 白色混油饰面挂镜线制作 | 木作-顶面装饰 | m | 30 | 2 | 60 |
| 白色混油饰面顶角线制作 | 木作-顶面装饰 | m | 20 | 4 | 80 |
| 白色混油饰面百叶暖气罩 | 木作-家具 | 个 | 120 | 5 | 600 |
| 白色混油饰面暖气罩（2） | 木作-家具 | m | 80 | 6 | 480 |
| 卫生间五金件安装（2） | 水电-安装 | 套 | 30 | 7 | 210 |
| 玻璃砖隔断施工 | 木作-墙面装饰 | m² | 60 | 3 | 180 |
| 白色混油饰面木格玻璃发光顶 | 木作-顶面装饰 | m² | 60 | 3 | 180 |

| 项目名称 | 分类名称 | 单位 | 成本单价/元 | 工程量 | 成本小计/元 |
|---|---|---|---|---|---|
| 窗帘盒 | 木作-顶面装饰 | m | 80 | 4 | 320 |
| 带裙边浴缸安装 | 水电-安装 | 只 | 100 | 5 | 500 |
| 地面找平（40mm以内） | 泥瓦-基础 | $m^2$ | 12 | 6 | 72 |
| 地面找平（40～80mm） | 泥瓦-基础 | $m^2$ | 15 | 7 | 105 |
| 地面找平（40～150mm） | 泥瓦-基础 | $m^2$ | 18 | 8 | 144 |
| 铲除沙灰墙面、原抹灰层 | 拆除及其他 | $m^2$ | 10 | 8 | 80 |
| 拆除混凝土墙 | 拆除及其他 | $m^2$ | 60 | 9 | 540 |
| 地下室墙面防潮处理 | 油漆-涂料 | $m^2$ | 65 | 12 | 780 |
| 背景墙（石膏板饰面-平面造型） | 木作-墙面装饰 | $m^2$ | 120 | 8 | 960 |
| 吊柜 | 木作-家具 | m | 560 | 20 | 11200 |
| …… | | | | | |

# 第四节　装饰工程估算

## 一、软装工程估算

在进行软装陈设工程造价的估算时，通常以装饰项目的实际面积作为基准。装饰设计的不同层级将导致造价的显著差异。据此，可将软装划分为三个层次：低端、中端与高端。在低端装饰中，整体设计趋于简约，成本相对较低；中端装饰倾向于采用传统的软装风格，并使用基础的材料；至于高端装饰，其对软装陈设物品的质量要求更为严苛，从而导致造价的提升。

软装工程的预算编制中，首先需对软装陈设的概念有所掌握。软装陈设涵盖的内容广泛，包括但不限于家具、灯具、装饰画以及陶瓷艺术品等多个方面（图5-2、图5-3）。

图5-2　装饰画

图5-3　陶瓷摆件

## 1. 设计范畴

软装陈设是由整体环境设计、空间美学、陈设艺术等多元素构架而成的创造性艺术工程，其应用领域较为广泛，包括家庭住宅、商业和办公空间等（图5-4、图5-5）。

图5-4　巴塞罗那教堂内部灯饰

图5-5　政务服务中心软装陈设

## 2. 构成元素

软装陈设主要包括家具、饰品以及灯具等构成元素，这些元素又有不同的类型划分（表5-22）。

表5-22　软装陈设构成分类

| 名称 | 分类 | 产品 |
|---|---|---|
| 家具 | 支撑类家具 | 沙发、茶几、床 |
| | 储藏类家具 | 书柜、衣柜、床头柜 |
| | 装饰类家具 | 电视柜、搁架 |
| 饰品 | 摆件 | 工艺品、陶瓷品、铜制品 |
| | 挂件 | 挂画、壁画 |
| 灯具 | 灯泡 | LED灯、荧光灯、卤素灯 |
| | 灯罩 | 玻璃灯罩、树脂灯罩 |
| | 配件 | 玻璃灯链、挂件、装饰底盘 |

## 3. 相关表格

经过市场调研后，得出软装陈设内容的具体金额，根据当地市场价格来填写表5-23～表5-26。

表5-23　软装合同总计汇总表（空白示例）

| 序号 | 产品类型 | 单位 | 数量 | 金额/元 | 备注 |
|---|---|---|---|---|---|
| 1 | 家具 | 件 | | | |
| 2 | 灯具 | 件 | | | |
| 3 | 饰品 | 组 | | | |
| 小计（A） | | | | | |

| 序号 | 产品类型 | 单位 | 数量 | 金额/元 | 备注 |
|---|---|---|---|---|---|
| 1 | 运输费用 | 次 | | | |
| 2 | 物料安装费用($A \times 2\%$) | 次 | | | |
| 3 | 当地搬运费用($A \times 1\%$) | 次 | | | |
| 4 | 摆设跟进费用($A \times 2\%$) | 次 | | | |
| 5 | 税金 | 批 | | | |
| 小计 | | | | | |
| 合计 | | | | | |

表5-24  家具清单（空白示例）

| 序号 | 配置区域 | 物品类型 | 材质 | 规格/mm | 数量 | 单位 | 单价/元 | 合计/元 | 产品图片 | 备注 |
|---|---|---|---|---|---|---|---|---|---|---|
| 1 | | | | | | | | | | |
| 2 | | | | | | | | | | |
| 3 | | | | | | | | | | |
| …… | | | | | | | | | | |
| 合计 | | | | | | | | | | |

表5-25  灯具清单（空白示例）

| 序号 | 配置区域 | 物品类型 | 颜色、材质 | 规格/mm | 数量 | 单位 | 单价/元 | 合计/元 | 产品图片 | 备注 |
|---|---|---|---|---|---|---|---|---|---|---|
| 1 | | | | | | | | | | |
| 2 | | | | | | | | | | |
| 3 | | | | | | | | | | |
| …… | | | | | | | | | | |
| 合计 | | | | | | | | | | |

表5-26  饰品清单（空白示例）

| 序号 | 配置区域 | 物品类型 | 规格/mm | 数量 | 单位 | 单价/元 | 合计/元 | 产品图片 | 备注 |
|---|---|---|---|---|---|---|---|---|---|
| 1 | | | | | | | | | |
| 2 | | | | | | | | | |
| 3 | | | | | | | | | |
| …… | | | | | | | | | |
| 合计 | | | | | | | | | |

## 二、硬装工程估算

### 1.分项工程量计算

（1）建筑面积计算：针对含有局部楼层的单层建筑，若其四周被封闭围护结构所环绕，则其建筑面积的计算应依据围护结构外围的水平面积进行。在此过程中，需考虑建筑的高度因素：若建筑高度超过2200mm，则整个建筑面积均应计入；反之，则仅需计算建筑总面积的50%。对于多层建筑，底层建筑面积应根据建筑外墙勒脚以上部分的结构外围水平面积来确定；而二层及以上的建筑面积，则应基于建筑外墙结构外围的水平面积进行计算。

（2）楼地面工程量计算：

① 整体面层及找平层的工程量估算。在计算楼地面的整体面层和找平层工程量时，应从总体面积中排除凸出于地面的构造物、设备基础及地沟等所占面积。对于厚度不超过120mm的隔墙、面积不超过0.3m²的柱子，以及烟道、门道、空圈、壁龛和暖气槽等特定结构，无须额外计算其面积。

② 块状材料铺设楼地面面积的确定。在以大理石、马赛克等块状材料铺设的楼地面计算中，应将门道、空圈、壁龛和暖气槽等开口部分的面积纳入总面积的统计中。

③ 橡塑面层楼地面的工程量预估。对于使用橡塑材料（如塑料板和PVC卷材等）铺设的楼地面，开口部分的面积亦应纳入总体面积的核算中。

④ 地毯铺设楼地面的工程量测定。在计算地毯类楼地面的工程量时，亦需将门道、空圈、壁龛和暖气槽等开口部分考虑在内（图5-6）。

⑤ 竹、木、金属复合地板楼地面的工程量核算。在评估竹、木或金属复合材料地板的楼地面工程量时，开口部分的面积也应包含在内，以确保计算的精确性（图5-7）。

图5-6　地毯楼地面

图5-7　竹、木地板楼地面

⑥ 在计算防静电活动地板楼地面的工程量时，必须考虑到门道、空圈、壁龛以及暖气槽开口的实际面积。这些特定区域的面积应纳入整体计算范畴。

⑦ 踢脚板的工程量核算，其依据为设计图纸所提供的尺寸信息。通过测量建筑元素的线性尺寸，包括长度与高度，以确定所需计算的面积（或按延长米❶数计算，其单位为米）。

---

❶ 延长米，简称延米，是用于统计或描述不规则的条状或线状工程计量的非法定计量单位。

⑧ 楼梯面层的工程量评估涉及对楼梯各部分的考量，诸如踏步、休息平台，以及宽度不超过500mm的楼梯井。该工程量是通过楼梯的水平投影面积来确定的。在楼梯与楼地面相接的情况下，计算范围应延伸至梯口梁内侧边缘。若不存在梯口梁，则应计算至最上一级踏步边缘，并额外增加300mm。

⑨ 台阶装饰面层的工程量计算。针对石材、块料或拼接块料台阶，需根据设计图纸所示台阶的展开面积进行计算。至于水泥砂浆现场浇筑的水磨石或剁斧石台阶，则应以设计图纸为依据，以台阶全貌（包括最上层踏步边缘，并在此基础上向外扩展300mm）的展开面积进行计算。

（3）墙、柱面装饰的工程量计算：

① 墙面抹灰工程量计算。依据设计图纸所提供的信息，对踢脚线、挂镜线及墙体与其他结构要素的接合区域进行详细的面积测量。该结构要素包括但不限于紧贴墙面的柱子、横梁、墙体凸出部分以及烟囱侧壁，同时还包括凸出于墙面的飘窗区域。在汇总这些区域的面积时，必须减去墙裙、门窗洞口以及面积超过 $0.3m^2$ 的孔洞所占据的面积。

② 墙面勾缝、立面砂浆找平层的工程量计算。采用设计图纸作为计算依据，涵盖了踢脚线、挂镜线以及墙面与柱子连接部位的面积测量。涉及的构造包括附墙柱、梁、墙垛、烟囱侧壁以及凸出墙面的飘窗区域。同样地，在汇总测量数据时，应排除墙裙、门窗洞口以及单个面积大于 $0.3m^2$ 的孔洞。

③ 外墙抹灰工程量计算。基于建筑外墙的垂直投影面积，以此作为计算的基准。

④ 外墙墙裙抹灰工程量计算。采用长度乘以高度的公式来确定所需面积。

⑤ 柱面抹灰工程量计算。综合了常规抹灰、装饰性抹灰、砂浆找平以及柱面勾缝等多个方面。根据设计图纸，将柱或梁的断面周长与高度相乘，以此得出柱面抹灰的总工程量（图5-8）。

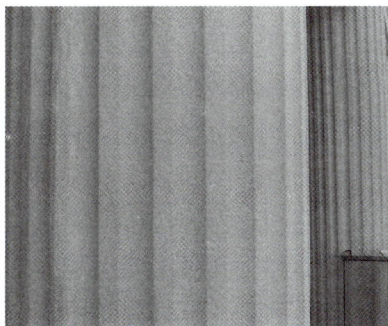

图5-8　立柱装饰抹灰

（4）顶棚工程量计算：

① 在顶棚抹灰工程量的估算过程中，宜采用水平投影面积作为计算基础。在此过程中，需考虑间壁墙、垛、柱、附墙烟囱等结构元素以及检查口和管道所占用的空间。特别地，若顶棚中存在梁，则在计算抹灰面积时，应额外计入梁两侧的面积。

② 至于顶棚吊顶工程量的计算，亦应基于水平投影面积进行。在计算过程中，同样需扣除间壁墙、垛、柱、附墙烟囱以及检查口和管道所占的面积。然而，若遇到面积超过 $0.3m^2$ 的孔洞、独立柱，或者与顶棚连接的窗帘盒等结构，则须从总投影面积中减去这些元素的占用面积（图5-9）。

图5-9　石膏板吊顶

（5）门、窗工程量计算：

① 木门工程量计算。面积的核算通常依据门洞的开口大小而定。此过程中，门套面积并不纳入计算范畴，而是作为综合单价的一部分进行处理（图5-10）。

② 金属门工程量计算。金属门的工程量核算则依据设计图纸所提供的详细数据进行，数量以樘为单位。亦可以门洞开口尺寸为基准进行面积的量算（图5-11）。

③ 窗的工程量计算。设计图纸提供的数据是计算的出发点，一般以窗框外围尺寸作为计算基础，当然，也可以通过窗洞的开口尺寸来进行面积的核算（图5-12）。

图5-10　木门

图5-11　金属门

图5-12　窗

（6）拆除工程的工程量计算：

① 砖砌体的拆除量通常按墙体体积或延米数来确定。

② 对于混凝土及钢筋混凝土构件，拆除量的确定可以基于混凝土体积、面积或延米数。

③ 木构件的拆除量则根据体积、面积或延米数来进行计算。

④ 抹灰层的拆除量计算仅以面积作为依据。

⑤ 块料面层的拆除量同样依照面积进行计算。

⑥ 门窗及金属构件的拆除量：门窗以平方米为单位，而金属构件则以吨或米为单位，根据实际情况选择质量或延米数作为计算基础。

### 2.装饰工程材料用量计算

（1）陶瓷块料用量计算：

100m² 陶瓷块料用量 = {100m² ÷［（块长 + 拼缝长）×（块宽 + 拼缝宽）］} ×（1 + 块料损耗率）。

（2）石材板料用量计算：

100m² 石材板料用量 = {100m² ÷［（块长 + 拼缝长）×（块宽 + 拼缝宽）］} ×（1 + 石材板料损耗率）。

（3）板材用量计算：

100m² 板材用量 =［100m² ÷（块长 × 块宽）］×（1 + 板材损耗率）。

（4）顶棚材料用量计算：

100m² 板材用量 =［100m² ÷（块长 × 块宽）］×（1 + 顶棚材料的损耗率）（一般不计算拼缝）。

（5）涂料用量计算：

涂料用量 =（涂料涂刷面积 ÷ 单位质量涂刷面积）×（1 + 涂料损耗率）。

（6）卷材用量计算：

100m² 卷材用量 = { 每卷面积 ×100 ÷ [（卷材宽 − 长边搭接宽度）×（卷材长 − 短边搭接宽度）] }×（1 + 卷材损耗率）。

## 三、工程投资估算

装饰工程投资估算由工程造价咨询单位编制、审核、调整，具体内容如表 5-27 所示。

### 表5-27　工程投资估算表（空白示例）

项目工程：　　　　　　　　　　　　　　　　　　　　　　　　　　　　　　单位：万元

| 序号 | 工程项目或费用名称 | 费用说明 | 单位 | 数量 | 费用额 | 合计 | 需付款时间节点 | 占总投资比例/% | 备注 |
|---|---|---|---|---|---|---|---|---|---|
| 一 | 工程费用 | | | | | | | | |
| 1 | | | | | | | | | |
| 2 | | | | | | | | | |
| …… | | | | | | | | | |
| 二 | 配套费用 | | | | | | | | |
| 1 | | | | | | | | | |
| 2 | | | | | | | | | |
| …… | | | | | | | | | |
| | 估算总投资（人民币大写） | | | | | | | | |

必须依据分部分项工程的核心技术经济指标，对设计方案进行初步筛选与确定。在此基础上，进一步提出针对性的优化策略。选定最佳设计方案后，预算编制则需参照政府规定的定额标准、装饰项目的投资估算指标，以及相关的工程造价信息等关键计价依据来进行。

## 四、投资估算方法

对装饰工程的整体成本进行准确预估，需要对各个独立装饰项目的费用构成进行深入分析与精确计算，涵盖人力资源成本、材料费用、机械设备使用费用，以及可能的临时设施搭建费用等。在明确了各独立项目的成本之后，对这些数据进行整合，进一步估算出装饰工程的额外费用和基本预备金。鉴于装饰工程在实施过程中可能会产生资金占用，计算资金利息成为必要环节。同时，还需根据实际状况预估工程所需的流动资金。

综合以上所有费用要素，可以得出装饰工程的总投资预估值。此估值应全面涵盖直接建造成本及潜在的间接费用，以期为项目的投资决策过程提供精确的财务数据支持。

# 第五节　实例解析　文化园建筑装饰工程定额预算

　　为了更好地让读者理解定额预算的编制方法，这里列举某文化园装饰与布展工程项目的定额预算文件。该文件采用专业定额预算软件制作。由于版面有限，故书里省略全套工程的定额预算文件与图纸，请用手机扫描二维码5-1查看。

二维码 5-1

## 小结

　　装饰工程预算涉及对施工资金的细致规划和数字化管理，这不仅优化了资源的使用效率，而且在很大程度上减少了材料的不必要消耗。预算工作涵盖了软装与硬装的费用预估，这为成本的有效预测与控制提供了更为详尽和精确的依据。施工项目完工之际，结算环节的重要性同样显著，它不仅反映了项目的执行进度，而且对于承包商而言，这一环节能够促进资金的快速流通。而当工程通过验收之后，建设方会着手完成竣工决算的编制，以对整个项目的财务状况进行全面的汇总和分析。

## 课后练习题

1. 装饰工程预算有哪些作用？
2. 如何编制装饰工程预算？
3. 如何进行装饰成本核算？
4. 装饰工程结算如何编制？
5. 装饰工程结算包括哪些内容？
6. 装饰工程竣工决算的编制步骤主要有哪些？
7. 装饰工程成本核算的基本要求有哪些？
8. 装饰工程施工成本主要可分为哪几类？
9. 软装陈设包括哪些元素？
10. 装饰投资估算工作的主要内容有哪些？

# 第六章
# 装饰工程预决算编制

> **学习难度：** ★★★★☆
> **重点概念：** 作用、分类、编制方法、审查、施工图复核
> **章节导读：** 本章主要探讨的是在装饰工程领域内预算与决算的编制流程，细致剖析材料使用的具体细节，同时对工程的清单制定及资金的流向进行深入的探讨。

## 第一节　编制基础

在装饰工程中，初步预决算的编制是基础性的工作。这一过程主要包括两个部分：概算和预算。概算是对工程预算的初步构建，其主要目的是对工程初步实施阶段的费用进行估算。而预算则是在施工图设计阶段开始的，它是一种更深入、更精确的计算方式，需要对工程量和材料价格进行详尽的评估与测量。在装饰工程的具体实施中，建设方最为关心的是预决算的准确性，因为这一价格将直接影响装饰工程的质量。

### 一、编制组成

在上章中已经对预决算的直接费与间接费等概念信息进行了讲解，下面从编制方法的角度对这些基础概念进行落实（图6-1）。

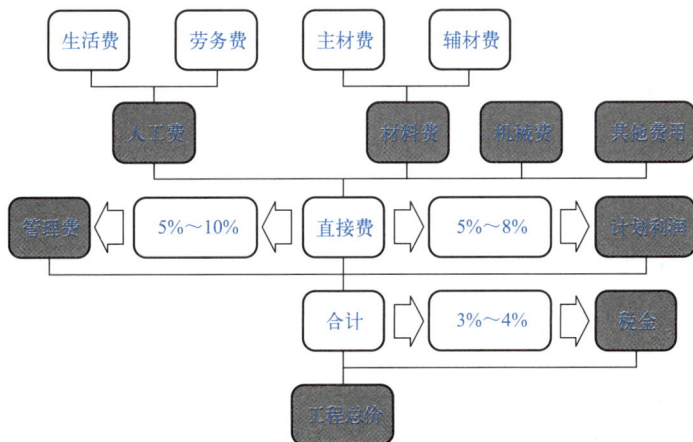

图6-1　工程预决算构成

### 1. 直接费

直接费是指在装饰工程施工中直接消耗的费用，主要包括人工费、材料费、机械费和其他费用。直接费的数据计算以设计图纸为基础，将全部工程量乘以该工程的各项单位价格后得出。

（1）人工费：是施工过程中必须支付的基础成本，包括施工人员的工资及其日常开销。

（2）材料费：是用于购买装饰材料成品、半成品以及各类配套用品的费用。

（3）机械费：是工程中使用的各类机械器具的租用、折旧、运输及维修等费用。

（4）其他费用：因工程具体情况而异。如高层建筑的电梯使用费和增加的劳务费用等，这些是确保装饰工程能够顺利进行的必需费用。

### 2. 间接费

间接费是装饰工程在组织方面所消耗的费用，主要包括管理费。这些费用涵盖了为组织运作和物料准备所必需的支出，是不可或缺的。

管理费是施工过程中用于组织和管理施工活动的费用，涉及施工企业的日常运营费用、经营成本、项目负责人及工作人员的工资、设计人员的工资及辅助人员的工资等。目前，管理费的收取标准根据不同施工企业的资质等级来设定，管理费通常占直接费用的5%～10%。

### 3. 计划利润

计划利润是商业营利单位的必然取费项目，其核心作用是积累资金以支持未来的业务扩张，对于私营企业而言尤为关键。实现计划利润是施工企业的核心目标，利润比率设定在直接费的5%～8%之间。

### 4. 税金

税金是直接费、管理费、计划利润总和的3%～4%，目前我国施工企业大多为小规模纳税人，应按3%缴纳增值税，另外约0.5%（大部分省市为0.42%）为教育费附加与城市建设管理费。对于所有企业而言，向国家缴纳税款是其必须履行的义务。此外，企业还需根据其年度营业额来缴纳企业所得税，具体的税收额度则取决于企业的经营状况。

### 5. 预算溢价

在预算编制过程中，承建方常常会提高总价数值，从而在与建设方的谈判中争取更有利的条件。包主材的工程中，承建方往往会在材料测量阶段故意夸大需求量，从而人为地增加预算，抬高工程造价，获取额外利润。

## 二、计算方法

工程总价＝人工费＋材料费＋机械费＋其他费用＋管理费＋计划利润＋税金

（1）直接费＝人工费＋材料费＋机械费＋其他费用；

（2）管理费＝直接费×（5%～10%）；

（3）计划利润＝直接费×（5%～8%）；

（4）合计＝直接费＋管理费＋计划利润；

（5）税金＝合计×（3%～4%）＝（直接费＋管理费＋计划利润）×（3%～4%）；

（6）工程总价＝合计＋税金。

其他费用如设计费、垃圾清运费、增补工程费等按实际情况计算，上述公式可用于任何装饰工程预算编制中。

## 三、影响因素

装饰工程预算价格差距较大，影响价格变化的因素主要有以下几项。

### 1. 材料价格是基础

装修预算编制与装饰材料品质之间的互动关系主要有以下几个维度。首先是原材料的稀缺性，远离产地或市场上较为罕见的材料，其价格通常较本地或常见材料更高。其次，材料的质量属性，包括其硬度及使用寿命，通常与材料价格成正比，使用高品质材料会导致更高的装修预算和报价。至于低品质材料，其价格较低，相应的装修成本预算亦随之降低。最后，产品的品牌声誉也是一个不容忽视的因素，知名品牌或口碑优良的产品往往定价较高（图6-2、图6-3）。

图6-2　品牌材料　　　　　　　图6-3　无牌材料

### 2. 工艺不同则价格不同

在装饰工程领域，施工队伍的作业品质对工程最终成果具有决定性作用。该领域的核心要素在于施工人员的技艺娴熟度。假定建筑材料及施工环境保持一致，施工人员的技术素养则显得格外关键。技艺精湛且经验丰富的施工人员能够提供更为优质的施工服务，此类服务往往伴随较高的成本，而技艺稍逊一筹的施工人员提供的服务费用相对较低。鉴于此，在挑选施工队伍的过程中，对施工人员的技术能力和资质等级的掌握尤为关键。

除此之外，施工人员索要的费用通常与施工周期的长度成正相关。施工周期的延长将导致费用的相应增长。因此，施工人员的专业技能及与之相关的工作时长成为评估施工成本的重要因素。在施工服务的选择上，应综合考量施工人员的技术熟练度、资质认证以及收费标准，以确保装饰工程的整体品质达到预期标准。

### 3. 施工管理影响价格

对大型装饰项目而言，其施工复杂性往往涵盖多样化的专业技能，因此，高效的施工管理对于保障工程质量至关重要。在此背景下，项目将配备专业的施工管理人员，其职责在于监督施工质量，确保材料与施工人员的素质符合高标准要求。这些管理人员通过其专业能力，能够保障工程的整体品质。值得注意的是，施工管理的水平直接关系到工程最终的呈现效果，因此，施工企业所承担的管理成本应合理计入业主的装修预算之中。

#### 4. 企业规模影响价格

为了满足建筑项目的高标准与高质量要求，承包方必须拥有丰富的行业经验和高度的专业素养。这要求企业具备包括设计、市场推广、工程实施、财务管理等在内的完备部门体系。专业的建筑公司通常设有独立的办公场所（图6-4），以支持项目从策划、执行至后期服务的全周期运作。在此过程中，无论是项目启动前的规划、过程中的监督，还是项目完成后的客户服务，均需有专业人员负责。这些岗位和服务所需的资源投入，不可避免地会在企业的报价中体现出来，从而影响最终的成本构成。

"装饰游击队"（图6-5）的规模则无从谈起，他们每个人既是老板、设计师，又是预算员、施工管理员、材料采购员和施工员，通常只需要找几个同乡、一个气泵、一个电锤、几把锤子和一把锯子就能开始工作。这种模式下的价格固然低廉，但质量却无法得到保障。

图6-4　装饰企业办公场所

图6-5　"装饰游击队"

## 第二节　装饰工程预算项目

在装饰工程的管理过程中，预算环节占据着至关重要的地位。其主要职责在于对整个项目的成本进行预先估算。当工程的实际费用与预算计划相符，未发生超支时，该预算方案可视为成功。编制装饰工程预算的过程中，设计图纸是不可或缺的参考依据，以确保预算编制的合理性与精确度。

在具体执行预算清单编制工作时，必须严格考量装修材料的质量级别、项目内容的多样性及其数量，以及项目设计的复杂程度等要素。一般而言，材料的品质等级越高、涵盖的项目越广泛、设计造型越复杂，其对应的报价也会相应提高。

# 一、基础工程项目

## 1. 拆改项目

在建筑造型设计完毕后，墙体拆改是常见的需求。此类调整可能对居住的舒适度带来一定影响。在执行拆改作业时，对承重墙及构造柱的完整性需保持高度警惕，这些关键结构不容更改。

## 2. 水路项目

水路的安装是装饰工程前期的关键环节，其核心在于水管的选择与铺设。通常，给水管采用 PPR 材质，而冷热水管应通过颜色区分，以便施工人员辨认和操作。

## 3. 电路项目

预先规划开关和插座的高度与位置至关重要，这关乎安全性与实际使用的便捷性。在电线的选择上，应优选质量上乘的品牌，以保障产品和服务质量。此外，对电路施工人员的选择也应慎重，以经验丰富者为首选。

## 4. 防水项目

防水工程的质量对建筑的长期使用影响深远。楼板质量的参差不齐使得防水处理尤为关键，不当的防水措施可能导致水分渗透，进而引发损失，责任应由承建方承担。选择市场声誉良好的防水材料品牌，是提升工程质量的必要条件。

## 5. 门窗项目

门窗套类的制作，一般由木工现场操作或定制完成。在材料选择上，细木工板、饰面板、指接板和各类夹板是常见选项，不同地区可能有不同偏好。木工费用通常依据所选材料成本而定。

## 6. 涂料项目

涂料类的施工，是基础工程完工后的下一步。墙面乳胶漆和木器漆是常见的涂料类型，价格因品牌和质量而异。选择涂料时，应考虑经济承受力，并优先选择环保性能较好的产品。

装饰工程包括水电安装、油漆粉刷、门窗安装等多个固定项目（图6-6），尽管材料和人工成本相对固定，但品牌和质量的选择却可能导致成本上的显著差异。其中，水电安装和防水处理是关键环节，尽管其材料成本和费用波动不大，但对整体预算的影响非常显著。

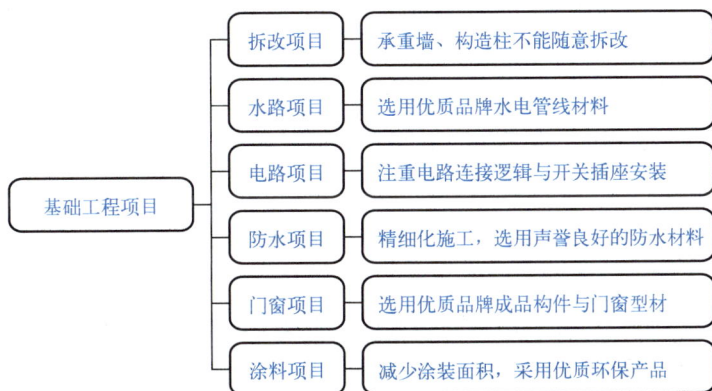

图6-6　基础工程项目结构图

## 二、构造工程项目

构造工程项目的分类如图 6-7 所示，具体包含以下内容。

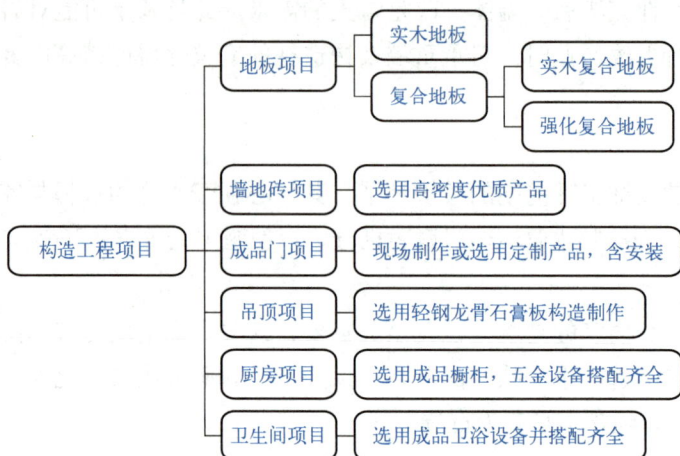

构造工程项目
- 地板项目
  - 实木地板
  - 复合地板
    - 实木复合地板
    - 强化复合地板
- 墙地砖项目 —— 选用高密度优质产品
- 成品门项目 —— 现场制作或选用定制产品，含安装
- 吊顶项目 —— 选用轻钢龙骨石膏板构造制作
- 厨房项目 —— 选用成品橱柜，五金设备搭配齐全
- 卫生间项目 —— 选用成品卫浴设备并搭配齐全

图6-7　构造工程项目结构图

### 1.地板项目

在居住空间的地坪装饰中，实木地板与复合地板是常见的两大类别。复合地板可进一步划分为实木复合与强化复合两种。强化复合地板因其性价比高，在现代家庭装饰中广泛使用。与之相较，实木复合地板虽具有优越的质感，但安装时需额外配备龙骨支架，且后续维护成本较高，故常被应用于高端住宅的装修之中。在选购过程中，消费者应仔细咨询商家有关地板配件的额外费用。

### 2.墙地砖项目

在当代室内设计领域，瓷砖被广泛用作大型空间地面的装饰材料，并且在卫生间等区域的墙面及地面铺装中也常见其身影。瓷砖种类丰富，价格跨度大，一片单价从几十元至几千元不等，这主要取决于其材质和制造工艺。因此，在选购瓷砖时，消费者需结合自身预算及实际需求进行考量。

### 3.成品门项目

在室内空间的门类选择上，卧室等私密空间通常偏好实木或实木复合门，而卫生间等潮湿区域则多选用铝合金门，其主要考虑因素为门的防潮性能。此类门可通过专业厂商定制，或由专业木工现场制作。然而，现场制作与厂商定制在成本上的差异并不显著，且成品质量可能与定制产品相近，但现场制作可能会延长施工周期。

### 4.吊顶项目

吊顶作为室内装饰的核心要素之一，其材料选择应依据设计图纸和建筑楼层状况进行。轻钢龙骨吊顶以其防火、防潮、轻质及便于安装的特性，在现代化建筑中备受青睐。在湿度较大的厨房和卫生间，铝扣板吊顶成为首选，以适应潮湿环境的使用要求。

### 5.厨房、卫生间项目

（1）卫生间大件。重点在于热水器及卫浴组合的选取。热水器分为电热水器与燃气热水器两类，其选择应根据实际需求来确定。此外，卫浴三件套——马桶、洗漱盆和淋浴喷头，构成了卫生间的核心部分。而一些用户还会考虑增设淋浴间，其选购需考虑与卫生间空间的协调性。

（2）厨房大件。大件物品主要包括抽油烟机、燃气灶、消毒柜、水槽及水龙头等。在主材预算的讨论中，值得注意的是，如橱柜、地板、瓷砖及卫浴洁具等产品，其成本在整体预算中占有较高的比重。这些产品在市场上普遍可见，且价格透明，有助于项目负责人基于品牌偏好和审美需求做出更为理性的采购决策，进而实现成本的有效控制，同时确保材料的质量。

在采购这些关键材料的过程中，由于品牌的差异，价格波动显著。鉴于此，提升对品牌的认知显得尤为重要。若在此环节未能有效控制成本，可能会导致总体预算的超出。

### 三、补充装饰项目

室内装饰的核心组成部分包括创意吊顶、特色背景墙以及精致的顶角线设计。在这些要素中，背景墙的设计尤为关键，其材料的选择与实施过程常常出现显著的个性化差异，有时甚至需要探索新型材料的应用。至于吊顶的设计，其构思应考虑实际经济条件，若预算有限，则可采用简约风格的顶角线，以实现经济高效的装饰效果。在装饰工程的实施过程中，设计师为达到特定的视觉效果，可能会选择采用具有特色的造型墙面设计。这种设计往往依赖于特殊材料的运用，进而可能导致成本的增加。此外，在同一项目中，不同材料的应用也会带来截然不同的装饰效果。

现代家具不仅仅满足基本的使用需求，它们还肩负着重要的储藏功能，同时具备装饰性。因此，补充装饰项目需要兼顾装饰性与功能性（图6-8）。

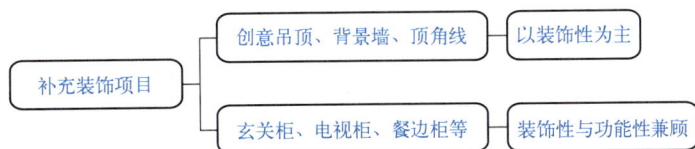

图6-8　补充装饰项目结构图

## 第三节　装饰工程预决算计算方法

装饰工程涉及多个门类和工种，在预决算过程中，通常采用土木建筑工程的计算方法。随着市场的不断发展和完善，新的计算方法不断涌现，下文将重点介绍四种实用性较强的装饰工程预决算计算方法。

### 一、成本核算法

在装修成本管理领域，一种被称为成本核算法的预算编制方式，强调对各类装饰材料成本的深入了解，以及对于工程项目中各项工作环节材料用量的准确估算，以此确定最终的物料采购成本。此方法将材料损耗率、使用误差和装饰企业的盈利等因素纳入考虑，进而计算出整个装修工程的总体成本。这种方法，通常称作预制成品成本核算，主要在承包商内部进行成本预估时使用。

这种成本核算在实际施工过程中的应用并不普遍。它对业主在主材、辅材以及人工费用等方面的知识储备提出了较高的要求，同时还需要他们具备丰富的实践经验。承包方在接到报价后，也会利用这一方法来审核报价的合理性，超出预算的部分往往被视为承包方的额外收益。在实际操作中，建设方还会通过此法检验承包方的报价单，以确保报价的准确性和合理性。

下面就运用成本核算法来计算某衣柜的预算报价（图6-9）：该衣柜尺度为 2200mm×2200mm×550mm（高×宽×深），木芯板框架结构，内外均贴饰面板，背侧和边侧贴墙固定，配饰为五金拉手、滑轨等，外涂清漆。

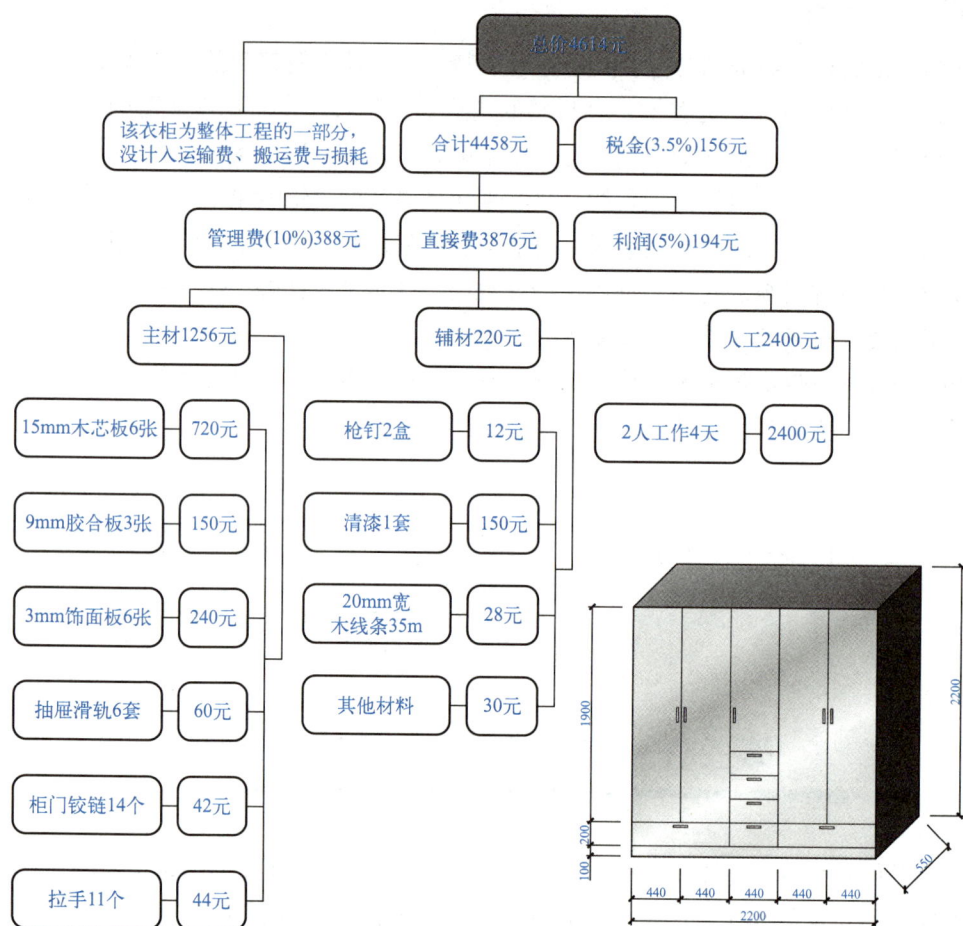

图6-9　成本核算法

## 二、估算法

经过对地方装饰材料及施工劳务市场进行详尽的调研分析，搜集并处理相关数据，以确定材料与人工的总成本。在此基础上，结合工程量大小，进一步估算出装修的初步费用。

为得出装修项目的最终报价，需考虑项目管理费、公司利润及税金等因素，其中综合损耗率通常维持在 10% 的水平。

以某省会城市为例，在对装饰材料及施工劳动力市场进行调研后，发现 120m$^2$ 的三室两厅两卫精装修住宅在中等装修标准下的材料费用约为 50000 元，人工费用约为 15000 元。加上施工方的管理费用、利润与税金，总成本约为 75000 元（图 6-10）。

此种估算方式对于建设方来说，简单易行。预算编制者能够通过市场调研和咨询，对预期的费用进行大致估算。然而，由于施工方式、材料选择以及装饰细节的差异，最终的预算成本也会有所变化，故此估算结果仅供参考。

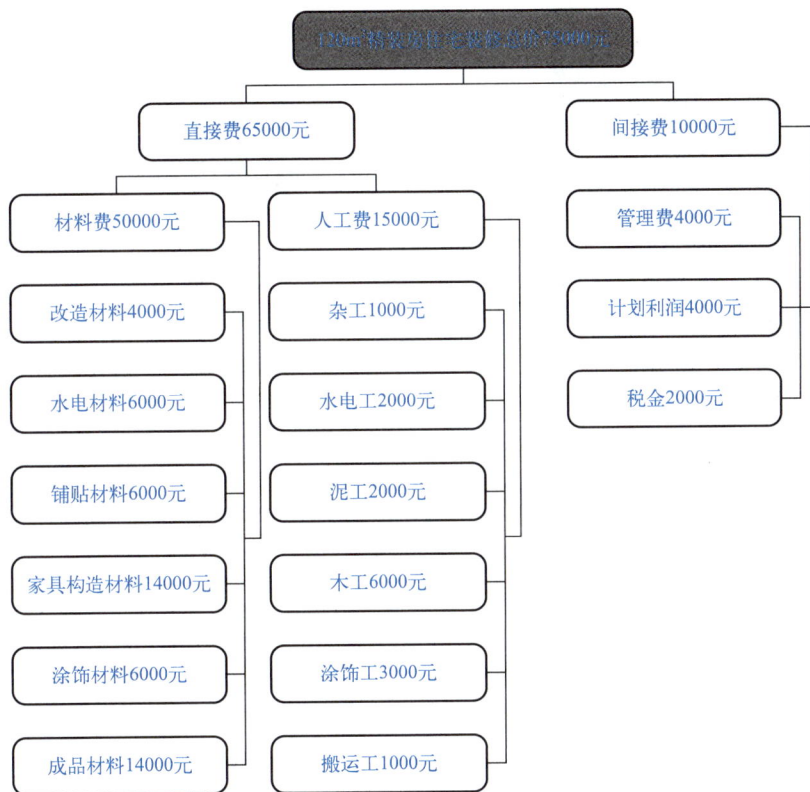

图 6-10　估算法

## 三、工程量法

在进行工程量法成本估算的过程中，核心在于通过对施工现场的细致勘查以及对各独立工程环节造价的深入剖析，准确计算出工程量。随后，将得出的工程量与相应的综合单价相乘，从而推算出直接成本、管理费用以及必要的税金。据此计算出的总成本便构成了建筑承包商向业主提交的报价基础。

此估算手段在建筑领域被广泛采用，主要因其提供的信息翔实、易于比较，成为企业间竞争的重要依据。利润通常已隐含在各分项工程的定价之中，因此在报价时通常不再单独标注预期利润。建设方需对各类数据进行反复对比与审慎讨论。鉴于工程的复杂性，以下仅以某室内卧室及卫生间装饰项目为例（图 6-11、图 6-12），展示其工程量与价格（图 6-13）。

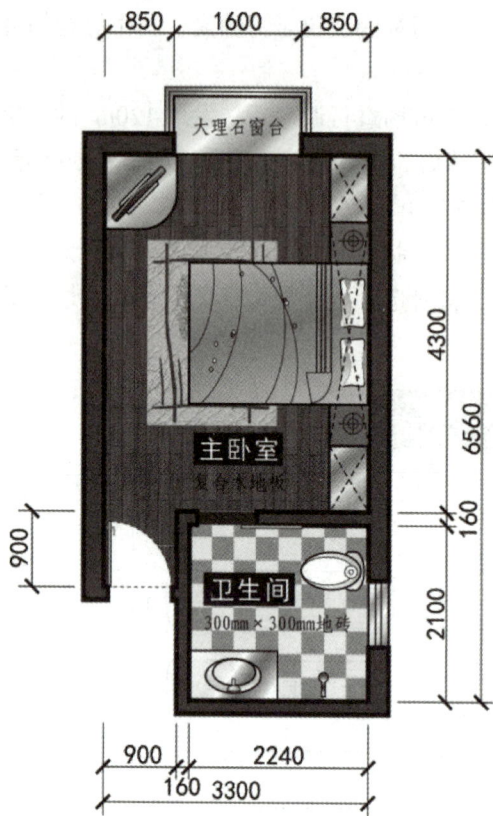

图6-11 平面布置图

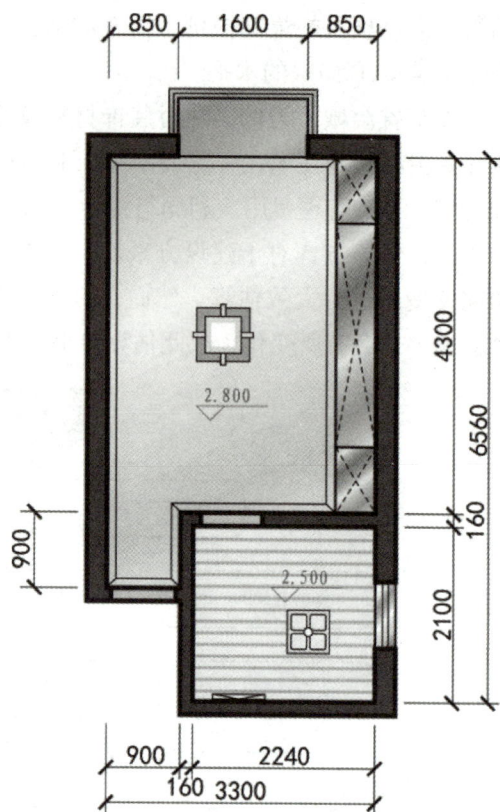

图6-12 顶面布置图

在该项目中，卧室地面采用了复合木地板铺设，墙面进行了乳胶漆涂饰，室内家具包括组合衣柜、电视角柜等。此外，装饰构件涵盖了门窗套、叠级墙角线、大理石窗台面以及房间门与卫生间门。卫生间采用防滑地砖铺设地面，墙面则使用瓷砖，顶部装饰采用吊顶铝扣板，淋浴区涂抹防水涂料。需注意的是，布置图中标注的家电、洁具、开关面板、大型五金饰品以及成品装饰构件并不包含在此预算内。

## 四、类比法

类比法是对同等档次的已完工建筑项目的成本进行比较分析的方法。通过对已完成的同类工程的总成本进行调研，将已知的总体费用除以相应的建筑面积，再用所得出的综合造价乘以即将施工的建筑面积，即可得出整个工程的大致费用。

例如，现代中高档装饰工程的综合造价约为 1000 元／m²，那么可以类比得出三室两厅两卫约 120m² 的精装房住宅装饰施工总费用约为 120000 元。

这种方法可比性很强，不少承建方在营销推广中，都是以这种方法来计量的。例如，经济型600元／m²，舒适型1000元／m²，小康型1200元／m²，豪华型1500元／m²等（图6-14）。选择时应注意装饰工程中是否包含配套设施，如五金配件、厨卫洁具、电器等。当然，这种方法一般适用于80～150m²的常见户型，面积过小或过大时可能会出现偏差。

装饰工程的基础费用基本固定不变，无论是小型住宅还是大型住宅，都会采用全套工

| 项目 | 工程量 | 单价 | 项目总价 | | 项目 | 工程量 | 单价 | 项目总价 |
|---|---|---|---|---|---|---|---|---|
| 墙顶面基层抹灰 | 65m² | 12元 | 780元 | | 条形扣板吊顶 | 5.6m² | 120元 | 672元 |
| 顶面喷涂乳胶漆 | 14m² | 12元 | 168元 | | 墙面贴瓷砖 | 25m² | 80元 | 2000元 |
| 墙面滚涂乳胶漆 | 48m² | 15元 | 720元 | | 地面铺瓷砖 | 5.6m² | 90元 | 504元 |
| 叠级墙角线 | 17m | 20元 | 340元 | | 单面包门套 | 5m | 45元 | 225元 |
| 组合衣柜 | 9.5m² | 600元 | 5700元 | | 卫生间门 | 1扇 | 300元 | 300元 |
| 电视角柜 | 0.8m² | 450元 | 360元 | | 防水处理 | 8m² | 60元 | 480元 |
| 包窗套 | 7m | 45元 | 315元 | | | | | |
| 窗台铺设大理石 | 1.6m | 400元 | 640元 | | | | | |
| 双面包门套 | 5m | 70元 | 350元 | | | | | |
| 房间门 | 1扇 | 500元 | 500元 | | | | | |
| 复合木地板 | 16m² | 90元 | 1440元 | | | | | |

主卧室装修工程11313元　　卫生间装修工程4181元

管理费(10%)1549元　　直接费15494元　　利润(5%)775元

合计17818元　　税金(3.5%)624元

该装饰工程为整体工程的一部分，没有计入运输费、搬运费、水电费、损耗费与成品洁具费等　　总价18442元

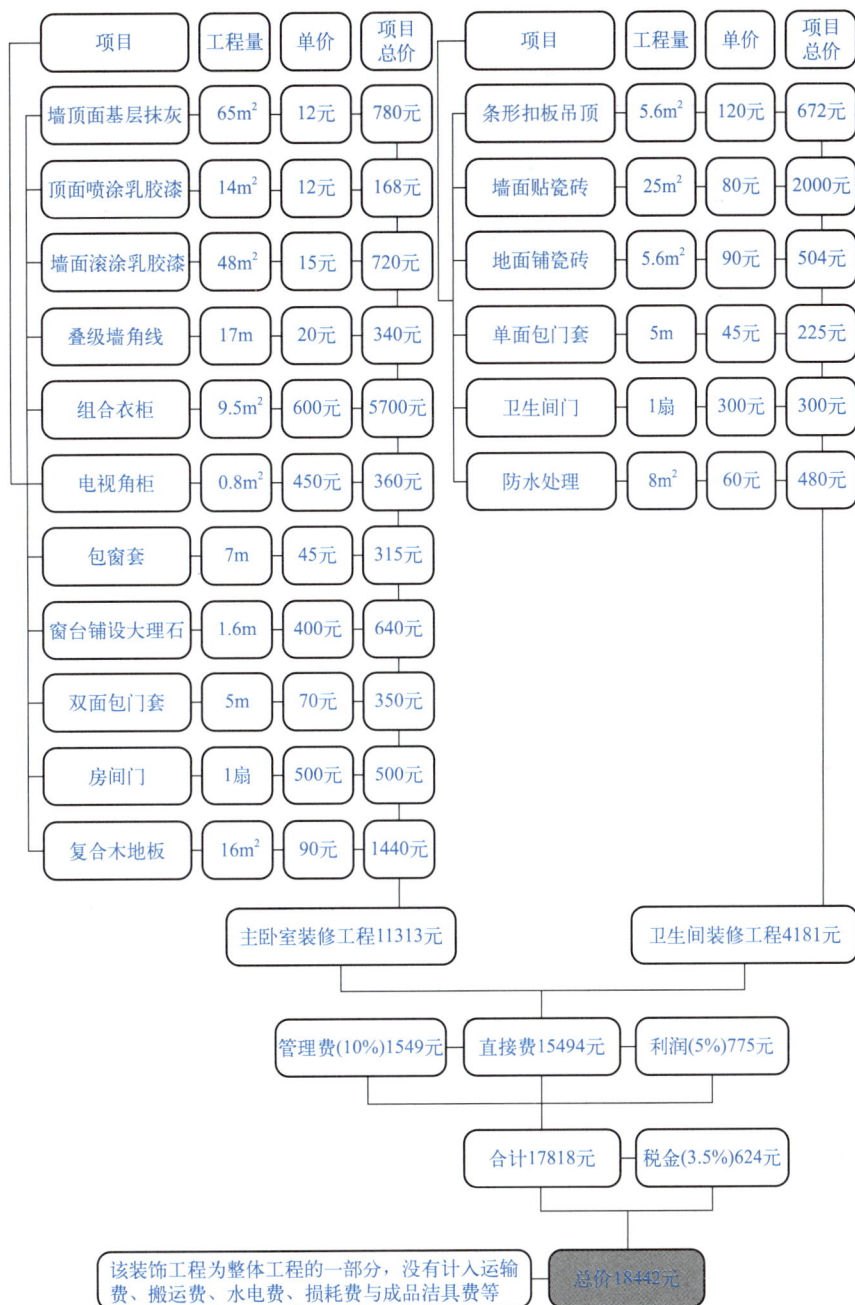

图6-13　工程量法

艺进行装修。但是，对于50m²以下的精装修住宅，如果使用类比法来预算可能会导致成本不足。相反，对于面积超过150m²的精装修住宅，使用类比法可能会导致预算过剩，在实际预算中需要特别注意这两种特殊情况。

估算法与类比法在运用时虽然比较简单，但是不能作为唯一的参照依据，可以使用估算法和类比法检查核算承建方所提供的报价，如果差异不大，则可以放心施工。但是要注意检查报价项目中是否都包含所有门类，如果有差异，则需要进行适当的增减。

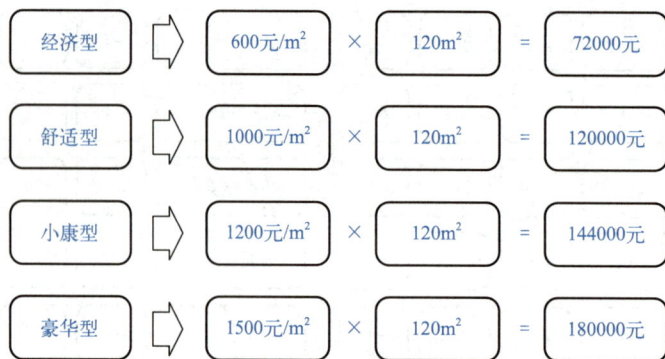

图 6-14 类比法

# 第四节 预决算与合同细则

## 一、工程合同中预算与付款

### 1. 表单内容

在装饰工程预决算编制的过程中，用表格形式表述是常见做法。该表格横向结构涉及多个核心要素，诸如项目名称、单位、工程量、单价、合价以及材料工艺说明等（图 6-15）。部分承建单位为提高成本控制精确度，会对单价进行更深入的分析，将其拆分

图 6-15 装饰工程预算表

为人工费、材料费、机械使用费以及损耗费等细项,以此压缩单个项目的成本,削弱建设方在价格协商中的议价能力。

预算表划分为多个施工主项目,每个主项目下又细分为多个子项目。主项目通常遵循基础工程、室内空间工程、防水作业、水电改造、户外施工以及其他工程项目的顺序进行组织。在具体的主项目之下,子项目的排列一般是从上至下,例如:室内装修可细化为天花板吊顶、顶角线、墙面装饰、乳胶漆涂装、壁纸铺设、踢脚线安装、木地板铺设、门窗套制作以及家具构建等环节。

这些子项目各自具备特定的施工工艺,但承建方有时会采取分解策略,将子项目细化为更小的单元,以期降低成本。例如,将整体的乳胶漆喷涂作业划分为顶面与墙面两部分,甚至进一步分解为基层处理、腻子粉施涂和乳胶漆涂刷等多个环节,从而使得每个环节的单价相对降低。因此,在制定预算表格时,并非越详尽越好,关键在于通过对比单价、核实工程量以及清晰阐述材料和施工技术的要求,以满足大部分实际需求。

### 2. 利润分解

在室内装修项目的财务规划中,承建方往往采取一种策略,即将预期利润巧妙地分布于项目预算的诸多细节之中,以此规避建设方的直接察觉。常见施工环节,诸如水电设施的安装、瓷砖铺贴、定制家具的安装或是墙面的涂饰等,因建设方通常会进行深入的市场调研和成本分析,从而能够大致确定市场平均成本,这一环节的利润率一般被限制在20% ~ 30% 之间。

对于室内装修工程而言,某些特殊项目如建筑结构改造、设备安装以及花园景观设计等,往往并不常见。然而,一旦这些项目被纳入施工范围,它们往往隐藏着可观的利润空间,有时甚至能达到报价的50% 以上,乃至100%。鉴于此,建设方在审查预决算文件时,必须对这些项目报出的价格给予特别关注,并与市场上相似项目进行详细对比分析。对于那些不熟悉的项目,建设方应进行广泛的信息搜集和咨询,以确保价格合理。

此外,部分利润可能被巧妙地掩藏在装修材料的损耗费用之中,形成表面上合理的"损耗"数字。实际上,不同材料的损耗率应当被精确地测定,以确保损耗计量的准确性,避免过度损耗成为利润转移的渠道(图6-16)。

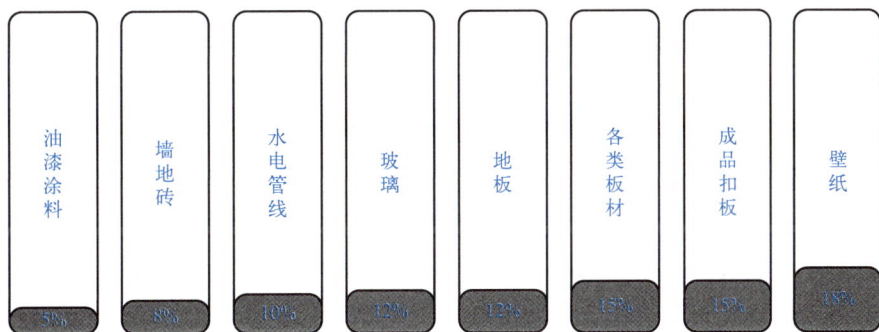

图6-16　损耗计量

### 3. 还价技巧

(1)在进行价格协商前的筹备工作时,建设主体须对市场进行周密的调研,涵盖关键建筑材料及施工项目的成本信息，并且力求对谈判对手的公司背景有更深入的了解。大型知名企业由于品牌加成，其报价通常较高；相对地，运营成本较低的小型企业则能提供较为优惠的价格。这些数据在谈判时应被纳入考量范围，作为制定还价策略的参考。

（2）对于非标准项目的价格，应当予以特别注意，此类项目通常具有大约30%的议价潜力。同时，有关材料和施工技术的具体阐述也不容忽视，因为这些细节直接影响到工程的质量标准。在合同协商阶段，提出针对性的问题是至关重要的，例如询问所用材料的品牌详情以及施工技术细节，这样的深入了解有助于推动承建方提出更具竞争力的报价。

（3）在价格交涉阶段，详尽的记录工作不可或缺。这不仅有助于对比不同承建方的报价，而且能够有效地对承建方的行为进行监管，确保在价格不变的情况下，施工质量得以通过书面承诺的形式得到保障。

### 4. 支付方法

要确保建筑装饰工程合同的公平性，必须采用由当地建筑管理部门或工商部门制定的标准化装饰工程合同文本。此类文本能够确保合同双方的权利与义务得到明确，防止争议。在支付方面，建议明确约定付款的具体时间与方式，支付方法一般包括以下几种：

（1）先付工程款的20%，工程完成后付到80%，工程验收后付到95%，留5%的质量保证金，一年后付清。

（2）按照对业主较为有利的3-3-3-1的付款方式，即开工前材料进场验收合格支付30%，中期验收合格支付30%，竣工验收合格支付30%，保洁、清场后支付10%。

（3）首付20%，水电完工并验收完毕支付30%，木工、铺砖完毕支付30%，验收合格支付20%。

（4）首付30%，中期验收合格支付30%，木工、铺砖完毕支付20%，最后验收合格支付15%，一年保修期后支付5%。

## 二、合同签署注意事项

在正式签署装饰工程项目合同之前，确保合同条款中的关键要素，如工程完成的时间期限、付款方式等，必须经过周密的商议，以减少未来可能发生的纠纷。在合同拟定阶段，对于那些表述含糊或存有疑虑的条款，应当积极要求对方予以清晰阐释，并且在条款内容得到充分明确之前，坚决不予签字。这是因为，如果在合同中有忽略或不明确的地方，将会在施工执行阶段埋下隐患，从而可能引发不可预见的问题。

### 1. 工期约定

在两居室100m² 的住宅空间中，简单装修的施工周期大约在35天。为确保工程能够顺利完成，承建方往往会在合同中预设一个较长的工期，一般在45～50天之间，主要考虑到在装修过程中可能出现的各种不可预见因素。当然，如果开发商有迫切的需求，希望缩短工期，双方在签署合同时可以就此条款进行协商和调整。

### 2. 付款方式

工程款一般分为首期款、中期款和尾款三部分。

### 3. 增减项目

在装饰工程中，常常会出现增减项目的情况，例如增加柜子，或改变水电线路。这些更改在工程完工时都需要支付额外费用。具体项目的单价通常在工程开工后由项目经理和预决算编制人员共同决定。

### 4. 保修条款

在建筑装饰装修领域，手工现场作业依旧占据核心地位，尽管工厂化生产日益流行，但却带来了诸多细小的质量问题。因此，明确工程保修期内的责任归属至关重要。承建方对于质量问题的处理，无论是全面维修还是仅限于施工部分，抑或采取其他责任约束，均需在合同中明确。

### 5. 水电费用

施工过程中，水、电、燃气等资源的消耗是必不可少的。工程完工后，这些费用的总和往往不容小觑。因此，合同中必须对相关费用的承担做出明确规定。

### 6. 按图施工

在施工过程中，承建方须严格按照建设方审批并签字的工程图纸执行。若实际施工与图纸存在差异，建设方有权要求承建方进行必要的返工，直至达到设计要求。

### 7. 监理和质检人员到场

监理和质检人员对工程质量的监控至关重要。承建方分包工程并监督施工队伍，监理和质检人员的定期巡视对工程质量的保证具有决定性作用。建议他们每隔两天进行一次现场巡视。同时，设计方也需定期到现场，以 3～5 天为一个周期，确保施工现场与设计方案相符，并据此调整设计或施工策略，保障工程顺利推进。

### 8. 注明材料信息

合同中建设主体应明确界定所需材料的型号、批次和质量档次。在委托第三方进行材料采购的情况下，必须制定详尽的采购协议，保障所需材料的充足供应。若施工过程中发现材料不敷使用，应以同品牌、同型号的材料予以补充，以保证工程的一致性和连贯性。

### 9. 注明施工工艺

合同文本中应严格规定施工工艺，此为监督承建方遵守工艺标准、防止其采取不当的节省成本措施的重要手段。当前，多数合同范本对于施工工艺的描述往往过于简略，对材料品牌、采购流程、验收标准和人员等关键细节鲜有明确说明。因此，合同编制时必须具体阐述施工工艺的各项要求。特别是在装饰工程中，应对施工过程进行持续监督，包括对材料使用、人工投入的核实，以及对关键工序如防水、管线安装的严格监控，以预防潜在的质量隐患。

### 10. 细化合同内容

在合同谈判阶段，建设方应密切关注工程费用的构成与支付细节。常有的情况是，建设方在讨论装饰材料、施工工艺和工期安排时，忽略了工程款项的支付方式。此类疏漏可能导致施工过程中的支付纠纷，进而影响工程进度和质量。为规避此类问题，合同条款中应明确工程款项的支付安排，包括支付的具体时间、方式及流程，并规定违约责任及处理措施。通过这一系列细致的规定，可以显著降低纠纷发生的风险，并确保工程按质、按期完成。

小结

　　本章主要探讨了在装饰工程项目中，预算与决算编制的具体方法及其涵盖的核心要素。本章通过对各个子项目细致的分析解读，帮助读者更深入地掌握预决算文件中所涉及的各项工程内容。此外，本章还阐述了合同签订的内容与注意事项。合同内容的完整性及其条款的合理性，对维护建设方合法利益具有直接影响。因此，在合同订立的阶段，建设方必须采取审慎的态度，以确保相关条款的明确性和合法性，最大限度地保障合法权益。

## 课后练习题

　　1. 装饰工程预决算项目由什么组成？

　　2. 施工对预决算产生影响的因素是多方面的，主要涵盖了哪些方面的内容？

　　3. 装饰基础工程主要包括什么项目？

　　4. 装饰工程中拆除墙体时应该注意什么？

　　5. 本章中讲解了多种装饰工程预决算计算方法，请就其中一种方法谈谈你的理解。

　　6. 工程合同中有哪些主要内容？

　　7. 工程合同中的主流付款方式是什么？

# 第七章

# 风格设计与预决算

学习难度：★ ★ ★ ☆ ☆
重点概念：现代简约风格、混搭风格、中式风格、地中海风格、田园风格
章节导读：设计的风格流派无疑是其核心灵魂所在。设计的持久魅力与审美价值，往往
取决于风格的表达是否清晰。若设计风格缺乏一致性或显得杂乱无章，其艺
术效果便会如昙花一现，转瞬即逝。因此，为了增强设计的品质与耐久性，
必须在创作过程中赋予其鲜明的风格特征。

## 第一节  现代简约风格

### 一、材料

#### 1. 复合地板

现代简约风格不同于其他风格。其他风格会在客厅及餐厅的地面设计瓷砖或满铺大理石，而现代简约风格则是将复合地板满铺在客厅、餐厅的区域，通常以浅色系的地板为主，并搭配墙面简洁的造型（图7-1）。

#### 2. 木饰墙面板

木饰墙面板通常造型简洁，多设计在客厅的电视背景墙或其他集中展示装饰的位置，主要是以大面积的木纹理搭配不锈钢收边条，从而结合成整体装饰（图7-2）。

#### 3. 玻璃

玻璃可以塑造空间与视觉之间的丰富关系。例如，雾面朦胧的玻璃与图形图案的随意组合最能体现出空间的变化（图7-3）。

#### 4. 珠线帘

在现代简约风格的居室中可以选择用珠线帘代替墙和玻璃。珠线帘作为轻盈、透气的软隔断，既能划分区域，又不影响采光，同时也能体现出居室的美观性（图7-4）。

#### 5. 纯色涂料

纯色涂料是装饰施工中常见的装饰涂料，其色彩丰富、易于涂刷。现代简约风格中常用纯色涂料将空间塑造得干净、通透（图7-5）。

图7-1 复合地板
（125 ~ 150元/m²）

图7-2 木饰墙面板
（100 ~ 120元/张）

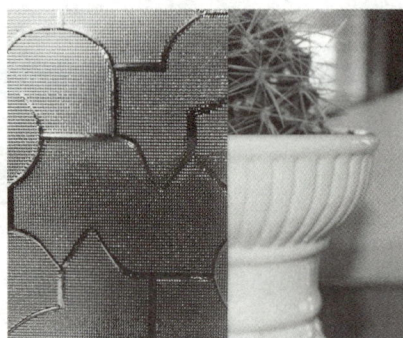

图7-3 装饰玻璃
（45 ~ 60元/m²）

### 6. 黑镜

黑镜的造型通常以竖条的形式出现，主要通过结合白色的墙面石膏板造型，从而使一面墙看起来充满黑白的对比色（图7-6）。

图7-4 珠线帘
（55 ~ 70元/m²）

图7-5 纯色涂料
（120 ~ 150元/L）

图7-6 黑镜
（80 ~ 100元/m²）

## 二、家具

### 1. 造型茶几

现代简约风格多选择造型感极强的茶几作为装饰元素，在功能上方便人们日常使用，而具有流动感的现代造型也可成为空间装饰的一部分（图7-7）。

### 2. 沙发

根据工效学设计的沙发具有舒适的坐卧感，且在造型上具备优美的流动弧线；材质多采用具有时尚感的皮革包裹，摆放在客厅的一侧，同样可以成为空间的装饰（图7-8）。

### 3. 布艺沙发

布艺沙发多采用纯色系，很少采用大花纹或条纹的纹理，同时沙发从造型到内部构造都以舒适度为主要目标，整体造型既简洁又富有美感（图7-9）。

图7-7 造型茶几（500～600元/件）

图7-8 沙发（1300～1500元/件）

#### 4. 板式家具

追求造型简洁的特性使板式家具成为现代简约风格的最佳搭配伙伴，其中以茶几和电视机背景墙的装饰柜为主（图 7-10）。

图7-9 布艺沙发（3100～3300元/套）

图7-10 板式家具——各种独立柜体组合
（4000～4200元/组）

#### 5. 多功能家具

面积有限的中小户型多会选择简约的设计，因此在选择家具时，建议选择多功能家具，实现一物两用，甚至一物多用（图 7-11）。

#### 6. 直线条家具

现代简约风格在家具的选择上延续了空间的直线条，横平竖直的家具不会占用过多的空间面积，同时也十分实用（图 7-12）。

### 三、装饰品

#### 1. 抽象艺术画

装饰画的主题以抽象派画法为主，画面上充满了各种鲜艳的颜色。这类装饰画悬挂在现代简约风格的空间中，既能使空间增添时尚感，同时也能提升空间的视觉观赏性，提升

图7-11 多功能家具（3300～3500元/套）

图7-12 直线条家具（2950～3200元/套）

空间主人的文化品位（图7-13）。

### 2. 无框画

无框画没有边框，很适合现代简约风格的墙面造型设计。将无框画悬挂在墙面，可以与墙面的造型很好地融合，同时也能有效增强空间设计的整体效果（图7-14）。

### 3. 黑白装饰画

现代简约空间的配色简洁，装饰画也延续了这一风格。黑白装饰画虽然简单，却十分经典，选购时尽量选择单幅作品，一组之中最多不要超过三幅（图7-15）。

图7-13 抽象艺术画
（500～700元/组）

图7-14 无框画
（250～350元/组）

图7-15 黑白装饰画
（250～300元/组）

### 4. 时尚灯具

如不锈钢材质的落地台灯、线条简洁硬朗的装饰台灯，其对空间起到辅助性照明作用的同时，还能对空间起到主要的装饰作用。这类灯具的装饰性大过其本身的功能性（图7-16）。

### 5. 金属工艺品

金属工艺品的造型十分丰富，或是人物的抽象造型，或是某种建筑的微观模型等。其表面金属光泽十分亮眼，多摆放在现代简约风格的客厅及书房等区域，能提升空间的趣味性（图7-17）。

图7-16 落地灯（280～350元/盏）

图7-17 金属工艺品
（600～700元/件）

### 四、案例　现代简约风格设计图纸与预决算

这是一套建筑面积约 52m$^2$ 的小户型，含卧室、客餐厅、厨房、卫生间各一间，另含朝北的阳台一处。作为刚进入职场的年轻人与刚迈入婚姻的年轻夫妇，这里更承载着对美好人生的憧憬与寄托，是心里最温馨的港湾。通过改造设计后，能使面积得到最大化扩展利用，同时，也能打造出适合现代年轻人生活方式的时尚空间。扫描二维码 7-1 可查看现代简约风格设计图纸与预决算。

二维码 7-1

# 第二节　中式风格

中式风格主要包括中式古典风格与新中式风格两种。

中式古典风格是以中国宫廷建筑为代表的室内装饰设计艺术风格，是在室内布置、线形、色调及家具、陈设的造型等方面，吸取传统装饰"形""神"的特征，家具的选用与摆放是其中最主要的内容。掌握了中式古典风格的设计原则，便可在材料采购中，选择最适合空间设计的，而不是价格高昂的，从而减少预算的总支出（图 7-18）。

新中式风格的主材往往源于自然，如用来代替木材的装饰面板、石材等，尤其是装饰面板，最能够表现出新中式风格浑厚的韵味。因此，在前期的预算规划中，应多预留出实木等材料的预算支出。但也不必拘泥，只要熟知材料的特点，就能够在适当的地方用适当的材料，即使是玻璃、金属等，一样可以展现出新中式风格的特色与魅力（图 7-19）。

## 一、材料

### 1. 木材

木材可以充分发挥其物理性能，创造出独特的木结构，体现传统中式风格的建筑美；

图7-18　中式古典风格客厅

图7-19　新中式风格客厅

同时，木材还适用于墙面、地面和家具（图7-20）。

### 2. 中式青砖

中式青砖给人以素雅、沉稳、古朴、宁静的美感，艺术形态以中国传统典故为主，因此在中式古典风格中应用比较频繁（图7-21）。

### 3. 花鸟鱼草壁纸

花鸟鱼草图案具有传统意韵，它所具有的生动形态可以丰富空间的视觉层次，因此被广泛地运用在墙面壁纸的设计中，主要可用于搭配墙面的实木造型（图7-22）。

图7-20　木材造型
（260～400元/m²）

图7-21　中式青砖
（1～2元/块）

图7-22　花鸟鱼草壁纸
（200～230元/卷）

### 4. 天然石材

选择纹理丰富且具有独特性的天然石材，满铺客厅地面，或搭配实木线条设计在电视机背景墙上，既能使天然石材的质感充分地发挥出来，同时也能提升新中式风格的时尚感（图7-23）。

### 5. 金色不锈钢线条

新中式风格除去大量地运用实木线条外，常使用金色的不锈钢设计墙面造型。例如，在墙面粘贴的石材四周包裹金色的不锈钢，使不锈钢与石材的硬朗质感很好地融合在一起（图7-24）。

图7-23 天然石材（460～650元/m²）

图7-24 不锈钢线条（25～28元/m）

## 二、家具

### 1. 明清式组合沙发

明清式组合沙发既具有深厚的历史文化艺术底蕴，又具有典雅、实用的特点。在中式古典风格中，明清式组合沙发是一定要出现的元素（图7-25）。

### 2. 条案类家具

条案类家具形式多种多样，基本可分为高几和矮几。另外，条案类家具造型古朴方正，可以令空间体现出高洁、典雅的意韵（图7-26）。

### 3. 实木榻

实木榻是中国古代家具的一种，狭长而较矮，比较轻便，可坐可卧，是古代常见的木质家具，造型多种多样（图7-27）。

图7-25 明清式组合沙发
（7300～7500元/套）

图7-26 条案类家具
（600～800元/件）

图7-27 实木榻
（4780～5000元/件）

### 4. 博古架

博古架或倚墙而立，装点空间，或充当屏障，隔断空间，同时还可以陈设各种古玩器物，点缀空间以提升整体效果（图7-28）。

### 5. 架子床

架子床为传统卧具，结构精巧、装饰华美，多以民间传说、花鸟山水等为题材，含和谐、平安、吉祥、多福等寓意（图7-29）。

**6. 太师椅**

太师椅是古代家具中唯一用官职来命名的椅子，最能体现明清式家具的造型特点，用料厚重、宽大夸张、装饰繁缛（图7-30）。

图7-28 博古架
（2000～2200元/组）

图7-29 架子床
（3300～3600元/件）

图7-30 太师椅
（1200～1500元/件）

## 三、装饰品

**1. 宫灯**

宫灯是中华民族传统手工艺品之一，充满宫廷的气派，可以令中式古典风格的空间显得华丽大气（图7-31）。

**2. 中式屏风**

中式屏风为中华传统家具，适合摆放在空间较大的客厅，一般陈设于室内的显著位置，起到分隔、美化、挡风、协调等作用（图7-32）。

**3. 木雕花壁挂**

木雕花壁挂具有传统文化韵味和独特风格，既可以体现出中国传统家居文化的独特魅力，也可以作为装饰画起到一定的装饰作用（图7-33）。

图7-31 宫灯
（400～600元/件）

图7-32 中式屏风
（1500～1800元/组）

图7-33 木雕花壁挂
（600～800元/件）

**4. 文房四宝**

中国传统文化中的文书工具，即笔、墨、纸、砚，既具有实用功能，又能令空间充分彰显出中式古典的风情与魅力（图7-34）。

### 5. 青花瓷

青花瓷在明代就已成为瓷器主流。在中式风格的家居中，摆上几件青花瓷饰品，可将中国文化的精髓充盈于整个空间，令环境韵味十足（图7-35）。

### 6. 茶具

在中国古代的史料中，就有茶的记载，而饮茶也是中国人喜爱的一种生活方式。在新中式家居中摆放一套茶具，可以传递雅致的生活态度（图7-36）。

图7-34　文房四宝
（100～120元/套）

图7-35　青花瓷
（650～800元/件）

图7-36　茶具
（100～300元/套）

### 7. 花鸟图装饰画

花鸟图装饰画不仅可以将中式风格展现得淋漓尽致，也因其丰富的色彩，而令新中式家居空间变得异常美丽（图7-37）。

## 四、布艺织物

### 1. 中式纹理窗帘

在新中式风格的窗帘选择中，为搭配空间内的墙面造型，窗帘的样式会选择带有中式纹理的窗帘，但窗帘的主色应以沉稳的素色系为主，这样窗帘样式在体现新中式主题的同时，也不会带来空间混乱的感觉（图7-38）。

图7-37　花鸟图装饰画
（150～220元/幅）

### 2. 竹木纹理地毯

地毯上的编织纹理一般为竹木的样式，颜色或者艳丽，或者深沉，铺设在卧室的床铺下，能为卧室空间增添更浓郁的中式韵味（图7-39）。

### 3. 中式纹理桌布

桌布多铺设在餐桌、书桌及一些矮柜的上面，用以遮挡灰尘，便于清洁。而带有中式纹理的桌布除去防尘、防污的功能之外，其精美的纹理也能为空间提供装饰效果（图7-40）。

### 4. 山水纹理壁挂织物

壁挂织物作为空间的装饰品之一，具有柔软的视觉效果，而山水纹理的壁挂织物更是能传达出中国传统文化气息。将山水纹理壁挂织物悬挂在墙面，可增添新中式风格的时尚感（图7-41）。

图7-38 中式纹理窗帘（30～50元/m）

图7-39 竹木纹理地毯（550～800元/块）

图7-40 中式纹理桌布（50～80元/块）

图7-41 山水纹理壁挂织物（300～400元/块）

### 五、案例 中式风格设计图纸与预决算

这是一套建筑面积约90m²的三居室户型，含卧室两间，卫生间两间，书房、客厅、餐厅、厨房各一间，朝北面的阳台一处。除了卫生间与厨房，其他部分都没有用隔墙分隔，这使得室内大部分空间不受隔墙的限制，且能自由分配区域，这种格局既省去了拆墙的时间，也节约了装修经费。通常三口之家两间卧室就足够了，另外一间房间可以作为书房使用，这样家中便能够有一个可供学习和工作的独立空间。扫描二维码7-2可查看中式风格设计图纸与预决算。

二维码 7-2

# 第三节 地中海风格

## 一、材料

### 1. 蓝白色块马赛克

蓝白色块错落拼贴的马赛克常应用在砌筑洗手台、客厅电视机背景墙、厨房弧形垭口等地方，这种蓝白色块拼贴的马赛克具有较好的装饰效果，能使空间中的地中海风格更浓郁（图7-42）。

## 2. 白灰泥墙

白灰泥墙在地中海装修风格中也是比较重要的装饰材质，不仅因为其纯净的白色调与地中海的气质相符，也因其自身所具备的凹凸不平的质感，能令空间呈现出地中海建筑所独有的观感（图7-43）。

图7-42 蓝白色块马赛克
（180～200元/m²）

图7-43 白灰泥墙（40～50元/m²）

## 3. 海洋风壁纸

壁纸从色彩搭配和纹理样式上都遵循了典型的地中海风格的装饰特点，形成了具有海洋风特色的壁纸。这类壁纸粘贴在墙面的效果十分出众，能与空间内的家具、装饰品、布艺窗帘等很好地搭配在一起（图7-44）。

## 4. 花砖

花砖的尺寸有大有小，常规的尺寸以300mm×300mm、600mm×600mm等规格为主，可用于卫生间地面铺贴，或铺贴于马桶后方竖面的墙上，能很好地提升空间的装饰效果（图7-45）。

## 5. 圆润实木

圆润实木通常涂刷天蓝色的木器漆，可用于设计中做旧处理客厅的顶面、餐厅的顶面等区域，能很好地烘托出地中海风格的自然气息（图7-46）。

图7-44 海洋风壁纸
（120～150元/卷）

图7-45 花砖
（150～180元/m²）

图7-46 圆润实木
（600～850元/m²）

## 二、家具

### 1. 船型装饰柜

船型装饰柜是最能体现出地中海风格的家居元素之一，其独特的造型既能为家中增添一份新意，也能令人体验到来自地中海的海洋风情。在家中摆放这样一个船型装饰柜，浓浓的地中海风情便呼之欲出（图7-47）。

### 2. 条纹布艺沙发

条纹布艺沙发的体形不大，小空间的客厅也能轻松地摆下。沙发的布艺采用条纹纹理，以常见且纯度较高的色彩为主，如蓝白条纹、黄色条纹等，且坐卧感舒适，与空间内的其他设计能很好地搭配在一起（图7-48）。

### 3. 白漆四柱床

双人床的通体刷透亮的白色木器漆，床的四角分别凸出四个造型圆润的圆柱，搭配条纹床品，这便是典型的地中海风格的双人床（图7-49）。

图7-47　船型装饰柜
（350～520元/件）

图7-48　条纹布艺沙发
（4080～4200元/组）

图7-49　白漆四柱床
（2500～2800元/套）

## 三、装饰品

### 1. 地中海拱形窗

地中海风格中的拱形窗在色彩上一般运用其经典的蓝白色，且镂空的铁艺拱形窗也能很好地呈现出地中海风情（图7-50）。

### 2. 地中海吊扇灯

地中海吊扇灯是灯和吊扇的完美结合，既有灯的装饰性，又有风扇的实用性，可以将古典美和现代美完美地凸显出来，常用于餐厅，与餐桌及座椅搭配使用，装饰效果十分出众（图7-51）。

### 3. 铁艺装饰品

无论是铁艺烛台、铁艺花窗，还是铁艺花器等，都可以成为地中海风格家居中独特的装饰品，将这些铁艺装饰品摆放在木制的地中海家具上，往往能取得较好的装饰效果（图7-52）。

图7-50 地中海拱形窗（500～700元/件）

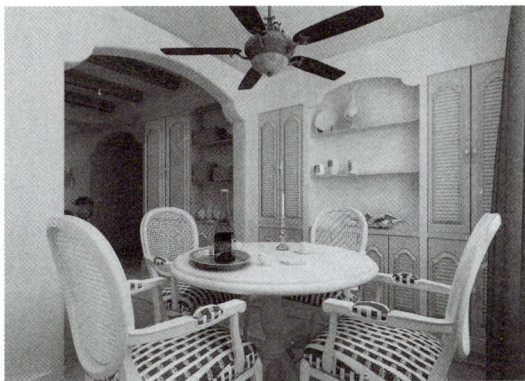

图7-51 地中海吊扇灯（600～800元/件）

### 4. 贝壳、海星等海洋装饰品

贝壳、海星这类装饰元素在细节处为地中海风格增添了活跃、灵动的气氛。例如，可将海洋装饰错落地悬挂在白灰泥墙的表面，将大个的海洋装饰摆放在做旧处理的柜体上等（图7-53）。

### 5. 船、船锚等装饰品

将船、船锚这类小装饰品摆放在家中的角落，倚靠在电视机背景墙的电视柜上或书房内的船型书柜上，在尽显新意的同时，也能将地中海风情渲染得淋漓尽致（图7-54）。

图7-52 铁艺装饰品
（80～120元/件）

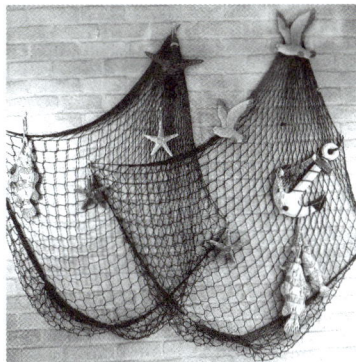

图7-53 海洋装饰品
（20～30元/件）

图7-54 船、船锚等装饰品
（120～150元/件）

## 四、布艺织物

### 1. 蓝白条纹座椅套

座椅套一般套在木制的座椅上，或是整铺在桌面上。这种布艺织物既能方便空间的卫生清洁，又能有效延长家具的使用寿命。蓝白条纹座椅套的经典纹理可以与地中海风格完美地融为一体，能使空间增添浓郁的海洋气息（图7-55）。

### 2. 海洋风窗帘

窗帘的色彩更加明快，通常以使人看起来舒适的天蓝色为主，而窗帘的纹理相对并不明显，多以简洁的窗帘样式来烘托空间内的家具、墙面的造型与装饰品等（图7-56）。

图7-55　蓝白条纹座椅套
（150～180元/套）

图7-56　海洋风窗帘（60～75元/m）

### 3. 清新丝绸床品

地中海风格的主要特点是带给人轻松的、自然的空间氛围，因此床品的材质通常采用丝绸制品，并搭配轻快的地中海经典色，这也能使卧室看起来有一股清凉的气息，似迎面扑来一股柔和的、微凉的海风（图7-57）。

### 4. 色彩鲜艳抱枕

地中海风格的抱枕总是带有鲜艳的色彩组合，但又与沙发的布艺有明显的区别，这些色彩鲜艳的抱枕能集中人的视线，同时也能很好地装饰空间（图7-58）。

图7-57　丝绸床品（500～600元/套）

图7-58　抱枕（35～60元/件）

## 五、案例　地中海风格设计图纸与预决算

这是一套建筑面积约140m² 的三居室户型，含卧室三间，卫生间两间，客厅、餐厅、厨房各一间，朝南、朝北的阳台各一处。

案例中90后业主初为人父母，与父母同住。装修设计时，不仅要考虑到年轻人的作息习惯，还要兼顾老人和孩子的日常起居规律。虽然孩子还小，还不需要有单独的卧室，但备一间独立的儿童卧室还是有必要的。此外，家中可能偶尔会有客人暂住，因此还需要设置一间客房以备不时之需。扫描二维码7-3即可查看地中海风格设计图纸与预决算。

二维码 7-3

# 第四节　混搭风格

混搭风格糅合东西方美学精华元素，将古今文化内涵完美地结合于一体，充分利用空间形式与材料，创造出个性化的空间环境。但混搭并不是简单地将各种风格的元素放在一起做加法，而是将它们有主有次地组合在一起。混搭是否成功，关键看搭配是否和谐。在混搭风格的一些设计与家具采购中，可以选择小件的、有较高品质的装饰品来提升空间的品位，以节省总的预算支出。

## 一、材料

### 1. 中式仿古墙

可以在现代风格的空间中设计一面中式仿古墙，既区别于新中式风格，又可以令混搭的空间独具韵味（图 7-59）。

### 2. 石膏雕花

直线条的流畅感搭配雕花工艺的繁复感，可以令混搭风格的空间环境变得丰富多彩。例如，选择石膏雕花搭配中式实木线条的吊顶设计，既能丰富吊顶的材质变化，同时也能提升混搭风格的韵味（图 7-60）。

### 3. 深色实木线条

深色类型的实木线条可以设计在混搭风格的吊顶中，以搭配吊顶的造型；也可以设计在墙面上，搭配欧式纹路的大花壁纸。这样设计出来的混搭风格空间，具有沉稳古朴的质感（图 7-61）。

图7-59　中式仿古墙
（60～70元/m²）

图7-60　石膏雕花
（260～300元/件）

图7-61　深色实木线条
（15～18元/m）

## 二、家具

### 1. 现代家具搭配中式古典家具

混搭风格的空间中，现代家具与中式古典家具相结合的手法十分常见，但中式家具不宜过多，否则会令空间显得杂乱无章（图 7-62）。

## 2. 美式家具搭配工业风家具

通常采用美式风的三人座沙发，搭配工业风设计的单人座椅，这种混搭风的组合设计，可以带给人舒适的坐卧感受（图7-63）。

## 3. 欧式茶几搭配现代皮革沙发

这种混搭的沙发组合搭配的关键在于，欧式茶几的色调需要和皮革沙发的色调保持一致，并且欧式茶几不可太大，不然会抢占现代皮革沙发的摆放面积，并且从茶几上拿东西也不方便（图7-64）。

图7-62　现代家具搭配中式古典家具（6300～6500元/套）

图7-63　美式家具搭配工业风家具（4300～4500元/套）

图7-64　欧式茶几搭配现代皮革沙发（4800～5000元/套）

# 三、装饰品

## 1. 搭配中式家具的现代装饰画

混搭风格的空间中先摆放上典雅的中式家具，然后在其墙面或者家具上或挂或摆上现代装饰画，这样的装饰手段非常讨巧，其中现代装饰画的边框最好以木框为主（图7-65）。

## 2. 现代灯具搭配中式元素

选择一盏具有现代特色的灯具来定义空间的前卫与时尚，之后在空间内加入一些中式元素，如中式木挂件、中式雕花家具等（图7-66）。

## 3. 现代与中式混搭装饰品

现代装饰品的时尚感与中式装饰品的古典美，可以令混搭风格的空间格调独具品位（图7-67）。

图7-65　木框结构的现代装饰画（150～200元/组）

图7-66　现代风格灯具（500～600元/件）

图7-67　现代与中式混搭装饰品（80～120元/件）

#### 4. 民族工艺品搭配现代工艺品

民族工艺品一般设计手法独具特色，具有很强的装饰性，搭配使用现代工艺品，主次分明，令混搭风格的空间不显杂乱（图7-68）。

#### 5. 中式工艺品搭配欧式工艺品

中式工艺品与欧式工艺品的装饰特征均十分明显，可以令混搭风格的家居显得艺术感十足，且能有效增强空间的层次感（图7-69）。

图7-68　民族工艺品搭配现代工艺品
（150～200元/套）

图7-69　中式工艺品搭配欧式工艺品
（350～400元/套）

### 四、案例　混搭风格设计图纸与预决算

这是一套建筑面积约90m²的三居室户型，含卧室三间，卫生间一间，客厅、餐厅、厨房各一间，朝北面的阳台一处。

房子是砖混结构的，房型也属于传统的三室两厅户型，对于90m²左右的建筑面积来说，居住人数由三个变为五个，改造时依旧保留三间卧室：父母一间，年轻夫妻一间，还有一间作为儿童房。扫描二维码7-4查看混搭风格设计图纸与预决算。

二维码 7-4

# 第五节　田园风格

田园风格大约形成于17世纪末，当时人们看腻了奢华风，转而向往清新的乡野风格。在室内环境中力求表现悠闲、舒畅、自然的田园生活情趣，巧于设置室内绿化，创造自然、简朴、高雅的氛围。

因此，田园风格会运用到大量的原木材质与带有田园气息的壁纸。节省田园风格装饰预算的办法就在这里，可通过在墙面设计大量的花卉壁纸，以减少实木造型的面积。花卉壁纸的预算支出是远低于实木造型的，且通过大量的墙面壁纸也可营造出浓郁的田园气息（图7-70）。

图 7-70　田园风格

# 一、材料

### 1. 花卉壁纸

法式田园风格中，材质方面喜欢运用花卉图案的壁纸，来诠释法式田园风格的特征，同时这种壁纸的应用也能营造出一种浓郁的女性气息（图 7-71）。

### 2. 雕花造型家具

在英式田园风格空间中虽然没有大范围地应用华丽繁复的雕刻图案，但在其家具中，如床头、沙发椅腿、餐椅靠背等地方，总免不了点缀适量的浅浮雕，这些雕花造型的应用能让人感觉到一种严谨细致的工艺精神（图 7-72）。

### 3. 田园风木材

英式田园的风格中，在木材的选择上多用胡桃木、橡木、樱桃木、榉木、桃花心木、楸木等木种，这些木种多设计在电视机背景墙、床头背景墙等处（图 7-73）。

图 7-71　花卉壁纸
（85 ~ 150元/卷）

图 7-72　雕花造型家
具（500 ~ 650元/件）

图 7-73　田园风木材
（350 ~ 450元/m²）

# 二、家具

### 1. 手工沙发

手工沙发在英式田园风格中占据着不可或缺的地位，大多是布面的，且沙发色彩秀丽、线条优美，其柔美是主流，但整体造型很简洁（图7-74）。

### 2. 胡桃木家具

胡桃木的弦切面为美丽的大抛物线花纹，表面光泽饱满，品质较高，符合大部分人的审美要求，在英式田园空间中应用较频繁（图7-75）。

图7-74  手工沙发（9800～10000元/套）

图7-75  胡桃木家具（5200～5500元/套）

### 3. 象牙白家具

象牙白可以给人带来纯净、典雅、高贵的感觉，同时也能给人一种田园风光的清新自然之感，因此很受法式田园风格爱好者的青睐（图7-76）。

### 4. 铁艺家具

铁艺家具以意大利文艺复兴时期的典雅铁艺家具风格为主流，其优美、简洁的造型，能使整个空间环境更具艺术性（图7-77）。

图7-76  象牙白家具（4600～4850元/套）

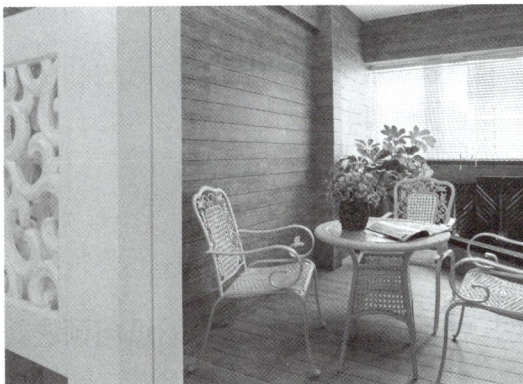

图7-77  铁艺家具（1680～1800元/套）

## 三、装饰品

### 1. 田园灯

田园灯的外罩材质既可以是布艺，也可以是玻璃，这些材质可以很好地体现出法式风格的唯美气息（图7-78）。

## 2. 法式花器

在法式田园风格中，花器表面多喜欢运用花卉图案，这不仅能诠释出法式田园风格的特征，同时也能营造出一种浓郁的柔和美（图7-79）。

## 3. 藤制收纳篮

藤制收纳篮所具有的自然气息，能够很好地展现田园风格的设计，同时其实用功能也十分优秀，适用于客厅或餐厅空间（图7-80）。

图7-78　田园灯
（220～300元/件）

图7-79　法式花器
（120～180元/件）

图7-80　藤制收纳篮
（40～60元/件）

## 4. 英伦风装饰品

英伦风装饰品可以有很多选择，可以将这些独具英式风情的装饰品装点于空间环境中，为家中带来强烈的异域风情（图7-81）。

## 5. 盘状挂饰

挂盘形状多以圆形为主，可以利用其色彩多样、大小不一的形态，在墙面进行排列，使之成为空间中的亮丽装饰（图7-82）。

## 6. 花式吸顶灯

花式吸顶灯既有装饰性，又不会显得过于烦琐。在安装时，花式吸顶灯的底部完全贴在屋顶上，造型往往较为简洁，但形状却很多变（图7-83）。

## 四、案例　田园风格设计图纸与预决算

这是一套建筑面积约90m²的三居室户型，含卧室三间，卫生间一间，客厅、餐厅、厨房各一间，朝北面的阳台一处。

建筑面积很紧凑，这种户型目前已经很少见了，在进行空间设计分配时，两间卧室或三间卧室都是可行的。田园风格设计图纸与预决算可扫描二维码7-5查看。

二维码 7-5

图7-81　英伦风装饰品
（150～220元/件）

图7-82　盘状挂饰
（120～180元/件）

图7-83　花式吸顶灯
（300～500元/件）

# 第六节　软装陈设与预决算

## 一、厨房电器

### 1.抽油烟机

（1）顶吸式抽油烟机（图7-84）。传统的抽油烟机安装在灶台上方，主要通过排风扇将油烟抽走。这种顶吸式抽油烟机主要分为中式抽油烟机和欧式抽油烟机：中式抽油烟机经济实惠；欧式抽油烟机则在外形和功能方面有突出的优点，它的外观时尚，功能方面更加人性化。

（2）侧吸式抽油烟机（图7-85）。侧吸式抽油烟机能在侧面将产生的油烟吸走，其中油烟分离板能彻底解决中式烹调由于猛火炒菜，导致油烟难清除的难题。这种抽油烟机的油烟净化率高达90%，是真正符合中国家庭烹饪习惯的抽油烟机。

图7-84　顶吸式抽油烟机（3000～3200元/件）

图7-85　侧吸式抽油烟机（2800～3000元/件）

### 2.微波炉

（1）光波微波炉（图7-86）。现在比较热门的就是光波微波炉，这种微波炉的特点在于光波瞬时高温、效率高，与普通微波炉相比，在蒸、煮、烧、烤、煎、炸等功能上优势都明显突出，既不会减少食物的营养，也不会破坏食物的鲜味，尤其在消毒功能上更是出类拔萃。

（2）烧烤微波炉（图7-87）。烧烤微波炉一般采用热风循环对流，保证炉腔内温度一致，使食物四面能够受热均匀，从而烤出自然风味，完成理想火候的烧烤。这种微波炉很适用于烤肉、做饼干、做蛋糕等。

图7-86　光波微波炉（500～650元/件）　　图7-87　烧烤微波炉（600～780元/件）

（3）蒸汽微波炉（图7-88）。蒸汽微波炉所使用的是经过特殊工艺处理的蒸汽烹调器皿，其上部的不锈钢专用盖子可以隔断微波和食物的直接接触，从而锁住食物中的水分和维生素；下部的水槽中加水之后，通过微波加热产生蒸汽，利用蒸汽的热度及对流来加热烹调食物。这种间接的加热方式能使食物均匀熟透，同时还能保证食物原汁原味，防止食物碳化。

（4）变频微波炉（图7-89）。变频微波炉给微波炉市场带来了新的技术革新浪潮，与普通微波炉相比，变频微波炉具有高效节能、机身轻、空间大、噪声低等优点。这种微波炉主要是通过改变电源频率来控制火力大小，连续给食物加热，使食物受热更加均匀、营养流失更少、味道更好。

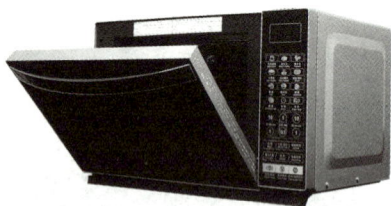

图7-88　蒸汽微波炉（850～980元/件）　　图7-89　变频微波炉（480～650元/件）

## 二、家具

家具的涵盖面较广，沙发、床具、柜体、茶几等都属于家具的范畴。在选购之前必须充分地掌握家具的相关知识，包括各种家具的样式风格、家具的材质构造、如何选购等。例如，沙发是空间环境中使用最为频繁的家具，根据业主的生活习惯，有皮质与布艺、L

形沙发与组合沙发的不同选择。而根据沙发材质的不同，其市场价格也有较大的差别。

**1. 床具**

（1）沙发床（图 7-90）。沙发床是沙发和床的组合，是可以变形的家具。这种床具可以根据不同的室内环境要求和需要对家具本身进行组装，既可以变化成沙发，也可以拆解开当床使用，是现代家具中比较方便的、可用于小空间的家具。

（2）双层床（图 7-91）。双层床为采用上、下床铺设计的床，是一般空间中常使用的，不仅能够节省空间，而且容纳的空间也较多。当一人搬出时，上铺便可成为放置杂物的地方。

图7-90　沙发床（3590 ~ 3800元/件）

图7-91　双层床（2980 ~ 3200元/件）

（3）平板床（图 7-92）。平板床由基本的床头板、床尾板和骨架组成，是最常见的式样。这种床具虽然简单，但床头板、床尾板却可营造出不同的风格，具有流线型线条的雪橇床，便是其中较为受欢迎的式样。若觉得空间较小，或不希望受到限制，也可舍弃床尾板，让整张床感觉更大。

（4）欧式软包床（图 7-93）。欧式软包床的床头拥有欧式雕花的弯曲造型，且板材上有大量的皮革软布或是布艺软包。这种床会占用较大的卧室空间，但其装饰效果却是其他床具所不能相比的。

（5）四柱床（图 7-94）。最早由欧洲贵族使用的四柱床，能让床有更宽广的浪漫遐想，其古典风格的四柱上，有代表不同风格时期的繁复雕刻。目前常见的现代乡村风格的四柱床，可借由不同花色布料的使用，将床布置得更加活泼，更具个人风格。

图7-92　平板床
（2400 ~ 2600元/件）

图7-93　欧式软包床
（7000 ~ 7200元/件）

图7-94　四柱床
（5400 ~ 5600元/件）

## 2. 沙发

（1）美式沙发（图7-95）。美式沙发主要强调舒适性，让人坐在其中感觉像被温柔地抱住一般，但这类沙发占地较多。现代美式沙发多选用主框架＋海绵的设计，传统的美式沙发则依旧保留弹簧＋海绵的设计，这也使得美式沙发更具耐用性，结实度也更高。

（2）日式沙发（图7-96）。日式沙发强调舒适、自然、朴素，这类沙发最大的特点是成栅栏状的木扶手和矮小的设计，这样的沙发最适合崇尚自然而朴素的居家风格的人士。小巧的日式沙发，透露着严谨的生活态度，因此日式沙发也经常用于一些办公场所中。

图7-95 美式沙发（5600～5800元/套）

图7-96 日式沙发（2000～2200元/套）

（3）中式沙发（图7-97）。中式沙发强调冬暖夏凉、四季皆宜、方便实用，很适合在我国温差较大的地方使用。这类沙发的特点在于整个裸露在外的实木框架，且椅面上放置有海绵垫，可根据需要撤换。这种灵活的方式，也使得中式沙发受到大多数人的青睐。

（4）欧式沙发（图7-98）。欧式沙发强调线条简洁，适合现代空间中使用，近几年来较流行的欧式沙发颜色为浅色，如白色、米色等。这类沙发的特点是富于现代风格、色彩比较清雅、适合大多数家庭选用，且这种色彩的沙发置于各种风格的空间中都能获得较好的装饰效果。

图7-97 中式沙发（7300～7500元/套）

图7-98 欧式沙发（4990～5200元/套）

## 3. 餐桌

（1）实木餐桌（图7-99）。实木餐桌具有天然、环保、健康的自然之美与原始之美，强调简单结构与舒适功能的结合，适用于简约时尚的家居风格。

（2）钢木餐桌（图7-100）。钢木餐桌多是以钢管支架搭配玻璃或实木台面的形式存在，由于这类餐桌造型新颖、线条流畅，因此受到较多人的喜爱。

（3）大理石餐桌（图7-101）。大理石餐桌分为天然大理石餐桌和人造大理石餐桌：天然大理石餐桌高雅美观，但是价格相对较贵，且由于天然的纹路和毛细孔容易有污渍和油渗入，因而不易清洁；人造大理石餐桌的密度较高，油污不容易渗入，日常清洁比较容易。

图7-99  实木餐桌
（3000 ～ 3200元/套）

图7-100  钢木餐桌
（1800 ～ 2000元/套）

图7-101  大理石餐桌
（2800 ～ 3000元/套）

## 三、灯具

售卖灯具的场所较多，在专业灯具卖场，或是建材批发市场等场所均能选购到合适的灯具。其中，建材批发市场所售卖的灯具价格相对较低，少有知名的品牌，如果并不追求高质量和高品质，可以选择在批发市场购买所需灯具，这样也能节约费用。

### 1. 吊灯

（1）欧式烛台吊灯（图7-102）。欧洲古典风格吊灯的灯泡和灯座依旧是蜡烛和烛台的样式，但光源由真实的蜡烛改为了蜡烛形式的灯泡。

（2）水晶吊灯（图7-103）。水晶吊灯造型美观，主要类型包括天然水晶切磨造型吊灯、重铅水晶吹塑吊灯、低铅水晶吹塑吊灯、水晶玻璃中档造型吊灯、水晶玻璃坠子吊灯等。

（3）中式吊灯（图7-104）。外形古典的中式吊灯，明亮利落，适合装在门厅区。要注意的是，灯具的规格、风格应与客厅配套，且如果想要突出屏风和装饰品，则需要在合适的位置加设射灯。

图7-102  欧式烛台吊灯
（3300 ～ 3500元/件）

图7-103  水晶吊灯
（2300 ～ 2500元/件）

图7-104  中式吊灯
（1000 ～ 1200元/件）

## 2. 吸顶灯

（1）方罩吸顶灯（图7-105）。方罩吸顶灯即形状为长方形或正方形的罩面吸顶灯，这种吸顶灯的造型比较简洁，适用于现代风格、简约风格的卧室空间。

（2）圆球吸顶灯（图7-106）。圆球吸顶灯即形状为一个整体的圆球状、直接与底盘固定的吸顶灯，这种吸顶灯的造型具有多种样式，装饰效果精美，适合安装在层高较低的客厅空间。

图7-105　方罩吸顶灯
（200～350元/件）

图7-106　圆球吸顶灯
（400～650元/件）

（3）尖扁圆吸顶灯（图7-107）。尖扁圆吸顶灯即扁圆形状的吸顶灯，这种吸顶灯的造型具有优美的流动弧线，适合安装在层高较低的卧室空间。

（4）半圆球吸顶灯（图7-108）。半圆球吸顶灯的形状是半球体，这种吸顶灯的灯光照明会更加均匀，十分适合安装在需要柔和光线的室内空间。

图7-107　尖扁圆吸顶灯
（800～1100元/件）

图7-108　半圆球吸顶灯
（650～750元/件）

## 3. 落地灯

（1）金属落地灯（图7-109）。金属落地灯主体以金属材质为主，包括落地灯的支架、灯罩、托盘等。这种落地灯具有良好的耐用性，且色彩有许多选择，如不锈钢金属落地灯、亚光黑漆金属落地灯等。

（2）木制落地灯（图7-110）。木制落地灯的主体材料为木材，这种落地灯具备轻便、便于移动的特点，适合摆放于自然气息浓厚的空间中，可起到较好的装饰效果。

## 4. 台灯

台灯，是指放置于桌子上且有底座的电灯。这种灯具外观可简单，可精致，常用光源为LED灯，灯光多为护眼的暖光，适合在工作、学习的场所中使用（图7-111～图7-113）。

图7-109　金属落地灯
（480～600元/件）

图7-110　木制落地灯
（250～300元/件）

图7-111　造型简单的台灯
（30～50元/件）

图7-112　仿古台灯
（300～320元/件）

图7-113　造型华丽的台灯
（550～650元/件）

## 四、装饰画

装饰画根据种类和组合形式的不同，可在墙面装饰出不同的精美效果。在装饰工程中，可以利用装饰画的特性，减少墙面的造型，以此达到节省预算支出的目的。通常墙面较大的客厅空间，适合选择成组的大幅装饰画；卧室空间则适合选择单幅的、精美的装饰画，且在选购装饰画时，应当保持统一的设计风格。

### 1. 印刷品装饰画

印刷品装饰画是装饰画市场的主打产品，是由出版商从画家的作品中选出的优秀作品或限量出版的画作（图7-114）。

### 2. 实物装裱装饰画

实物装裱装饰画是新兴的装饰画类型，它以一些实物作为装裱内容，其中以中国传统刀币、玉器或瓷器装裱起来的装饰画受到一些人的欢迎（图7-115）。

### 3. 手绘装饰画

手绘装饰画艺术价值很高，因而价格也昂贵，具有收藏价值，而那些缺乏艺术价值的手绘装饰画现在已很少有人问津（图7-116）。

#### 4. 油画装饰画

油画装饰画是装饰画中价格较昂贵的一种，它属于纯手工制作，同时可根据消费者的需要临摹或创作，风格比较独特。现在市场上比较受欢迎的油画题材多为风景、人物和静物（图7-117）。

图7-114　印刷品装饰画
（120～180元/幅）

图7-115　实物装裱装饰画
（350～420元/幅）

图7-116　手绘装饰画
（1000～1200元/幅）

图7-117　油画装饰画
（1600～1800元/幅）

## 五、布艺织物

想要使布艺织物的预算支出更具价值，就应当掌握布艺织物与空间的搭配技巧。首先应了解空间的整体色调，布艺织物的色调应与空间的色调保持一致，其中窗帘的色调适合重一些，而床上用品的色调适合轻一些，这样也可使空间的视觉效果更具纵深感；然后需要了解空间的设计风格，例如，田园风格的空间适合选择带碎花纹的布艺织物，欧式风格的空间适合选择镶有金边的布艺织物等。

#### 1. 窗帘

（1）平开帘（图7-118）。平开帘是在同一平面的窗户上安装的窗帘，这种窗帘主要是平行地朝两边或中间拉开、闭拢，以达到使用的基本目的。最常见的有一窗一帘，一窗二帘或一窗多帘等。

（2）卷帘（图7-119）。卷帘主要是利用滚轴带动圆轨卷动帘子上下拉开、闭拢，以达到使用的基本目的。通常卷帘会选用天然或化纤等有韧性的面料制作，如麻质卷帘、玻璃纤维卷帘，或带粘胶成分的印花布卷帘等。

图7-118　平开帘（70～95元/m）

图7-119　卷帘（80～100元/m²）

（3）百叶帘。百叶帘是将很多宽度、长度统一的叶片用绳子穿在一起，再固定在上下端轨道里，通过操作系统，使帘片上下开放、自转（调光）的窗帘形式。百叶帘可以说是成品帘里最常见和最常用的，也是花纹、图案最丰富的成品帘（图7-120）。

（4）线帘。线帘具有较好的灵活性和广泛的适应性，它适用于各种形式的窗户。线帘以其特有的数量感和朦胧感，点缀于区间分隔之处，能为整个居室营造一种浪漫的氛围（图7-121）。

图7-120　百叶帘（100～150元/m²）

图7-121　线帘（50～65元/m）

### 2.地毯

（1）纯毛地毯。主要是以绵羊的羊毛为原料制成。这种地毯手感柔和、拉力大、弹性好、图案优美、色彩鲜艳、质地厚实、脚感舒适，并具有抗静电性能好、不易老化、不褪色等特点，是高级客房、会堂、舞台等地面常用的装饰材料。但纯毛地毯的耐菌性、耐虫蛀性和耐潮湿性较差，价格昂贵，多用于高级别墅住宅的客厅、卧室等地面（图7-122）。

（2）混纺地毯。其是在纯毛纤维中加入了一定比例的化学纤维，从而制成的地面装修材料。混纺地毯中掺有合成纤维，因而价格较低，使用性能也有所提高。这种地毯在图案花色、质地手感等方面与纯毛地毯差别不大，但却克服了纯毛地毯不耐虫蛀、易腐蚀、易霉变的缺点，在提高地毯耐磨性能的同时，也大大降低了地毯的价格，使用范围较广（图7-123）。

图7-122　纯毛地毯（550～600元/m²）

图7-123　混纺地毯（200～350元/m²）

（3）化纤地毯。它是以锦纶（又称尼龙纤维）、丙纶（又称聚丙烯纤维）、腈纶（又称聚丙烯腈纤维）、涤纶（又称聚酯纤维）等化学纤维为原料，用簇绒法或机织法加工成纤维面层，再与麻布底缝合成的地面装修材料，因此又被称为合成纤维地毯。这种地毯耐磨性好，富有弹性，防燃、防污、防虫蛀等性能较好，且价格较低，适用于一般建筑物的地面装修（图7-124）。

（4）塑料地毯。其是采用聚氯乙烯树脂、增塑剂等多种辅助材料，经均匀混炼、塑制而成。虽然质地较薄、手感硬、受气温的影响大、易老化，但该种材料色彩鲜艳，耐湿性、耐腐蚀性、耐虫蛀性、可擦洗性、阻燃性等都比其他材质要好，价格也比较低廉；且这种地毯具有较好的耐水性，用于浴室中也能起到较好的防滑作用（图7-125）。

图7-124　化纤地毯（105～120元/m²）

图7-125　塑料地毯（60～75元/m²）

## 小结

　　本章主要是对现代装饰工程中比较流行的几类风格进行讲解，从风格到家具再到预算都做了详细介绍。一些精美的装修案例总是让人羡慕不已，但是在装饰过程中，需要结合整体的搭配和效果，杂乱无章的做法会破坏原有的装修设计，导致装修风格不协调。

## 课后练习题

　　1.在现代装饰工程中，比较流行的风格主要有哪些?

　　2.现代简约风格的特点是什么?

　　3.中式风格的特点有哪些?

　　4.地中海风格有什么特色?

　　5.谈谈你是如何定义混搭风格的。

# 第八章
# 材料用量计算

学习难度：★★★★☆

重点概念：瓷砖、板材、地板、涂料、壁纸、集成墙板、定制集成家具、水管电线

章节导读：在进行材料采购的过程中，常常难以明确材料用量与定价策略之间的对应关系。供应商在定价时，往往采取各式各样的计算方式，其中较为普遍的是依赖经验，即采用未经严格验证和逻辑推理的公式进行快速估算。这种方法往往忽略了对装饰风格和材料特性的深入考虑，导致其应用性并不高。本章在讨论定价策略时，将遵循四舍五入的原则，确保测量数据的精确度达到小数点后两位，而在最终定价时，精确度将控制在0.1元。

## 第一节　瓷砖

### 一、釉面砖

#### 1.特性

陶土烧制而成的釉面砖吸水率较高，质地较轻，强度较低，价格低廉；瓷土烧制而成的釉面砖则吸水率较低，质地较重，强度较高，价格相对也较高。

#### 2.规格

墙面砖规格模式为长 × 宽 × 厚，常用规格尺寸为 300mm×600mm×6mm、400mm×800mm×8mm 等。地面砖规格模式为长 × 宽 × 厚，常用规格尺寸为 300mm×300mm×6mm、600mm×600mm×6mm、800mm×800mm×8mm 等。在现代空间装修中，釉面砖多用于室内、外墙面铺装。

#### 3.选购方法

选购釉面砖时，可以采用卷尺精确测量砖材的各边长度与厚度，误差应当 < 0.5mm。通常砖体自重较大的密度较高，抗压性也会更好（图 8-1）。

下面以中档瓷质釉面砖为例，介绍釉面砖的计量与损耗计算方法（图 8-2）。

**市场价格：** 300mm×600mm×6mm 中档瓷质釉面砖的市场价格为 50 元 /m² 左右。

**材料用量：** 5.6 片 /m²。

**主材价格：** 铺装面积 ×50 元 /m²×1.05（损耗系数）。

特别注意：釉面砖中的配套花色砖价格较高，多为普通砖价格的3~5倍，甚至更高，可以根据需要选购并计算价格。或选用其他非配套花色砖，精心挑选合适的色彩、纹理，最终均能达到满意的装饰效果。

图8-1 釉面砖

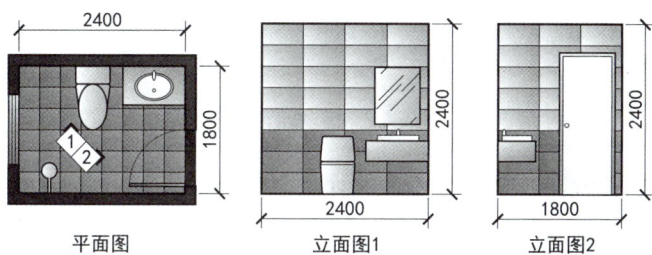

平面图　　　　　立面图1　　　　　立面图2

图8-2 卫生间设计图

**计算方法：**

① 计算地面面积。卫生间地面长 2.4m，宽 1.8m，计算出地面面积为 4.32m²。

② 计算墙面面积。卫生间地面周长 =（长 2.4m + 宽 1.8m）×2=8.4m，卫生间墙面铺装高度 2.4m，计算出墙面面积为：周长 8.4m× 墙面铺装高度 2.4m=20.16m²。

③ 地面与墙面面积之和为：4.32m² + 20.16m²=24.48m²。

④ 考虑门窗洞口与损耗。常规开门与开窗不考虑损耗，因为门窗洞口边框需要对砖块裁切，消耗材料与人工，只有面积大于 2m² 的门窗洞口才酌情减除 50%。

⑤ 釉面砖材料价格为：墙地面面积 24.48m²× 釉面砖单价 50 元 /m²×1.05（损耗系数）= 1285.2 元。

## 二、通体砖

### 1. 特性

通体砖是砖坯体表面经过打磨而成的一种光亮的瓷质砖，表面光洁，抗弯曲强度大。通体砖坚硬耐磨，根据产品品质不同，又分为抛光砖、玻化砖、微粉砖等，均可用于室内地面铺装。该瓷砖可以取代传统天然石材，但需注意，个别通体砖含有微量放射性元素，长期接触对人体有害。

### 2. 规格

通体砖的规格模式为长 × 宽 × 厚，常用规格为 600mm×600mm×8mm、800mm×

800mm×10mm 等。

### 3.选购方法

通体砖的商品名称很多，如铂金石、银玉石、钻影石、丽晶石、彩虹石等，选购时不能被繁杂的商品名迷惑，仍要辨清产品属性（图 8-3）。

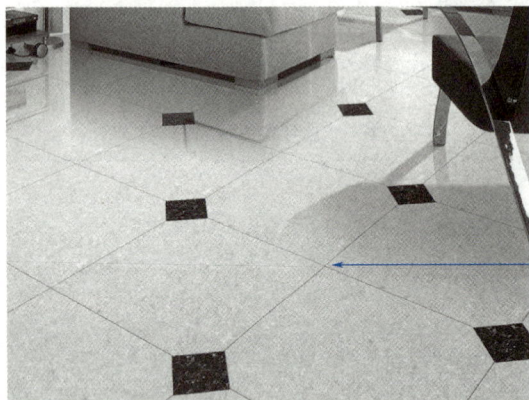

特别注意：拼花通体砖的形态与规格根据设计需要确定，常规尺寸可以要求经销商定制加工。当需要将通用规格砖块加工为设计尺寸时，不建议在施工现场手工切割，这也是为了避免切割尺寸出现较大差异，且现场切割人工费还需另计，综合成本也会高于定制加工。

图 8-3  通体砖应用

下面以中档玻化砖为例，介绍通体砖的计量与损耗计算方法（图 8-4）。

**市场价格：** 600mm×600mm×8mm 中档玻化砖的市场价格为 60 元 /m² 左右。

**材料用量：** 2.8 片 /m²。

**主材价格：** 铺装面积 ×60 元 /m²×1.05（损耗系数）。

**计算方法：**

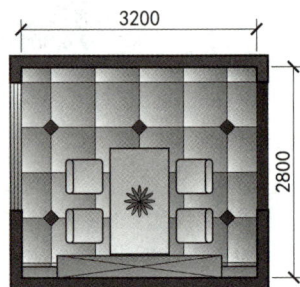

图 8-4  餐厅设计图

① 计算地面面积。餐厅地面长 3.2m，宽 2.8m，计算出地面面积为 8.96m²。

② 计算地面拼花小砖面积。小砖规格为 150mm×150mm，根据图 8-4 可数出 6 片，拼花小砖价格为 8 元 / 片，综合价格为：8 元 / 片 ×6 片 =48 元。

③ 玻化砖材料价格为：地面面积 8.96m²× 玻化砖单价 60 元 /m²×1.05（损耗系数）+ 拼花小砖总计 48 元 ≈ 612.5 元。

# 第二节  板材

## 一、木质人造板

### 1.特性

木质人造板的品种很多，凡是经过加工成型的木质材料板材都可以称为木质人造板，主要包括实木指接板、木芯板、生态板、胶合板、刨花板、纤维板等，具体细分品种更多（图 8-5 ～图 8-10）。

特别注意：表面无结疤的指接板价格较高，平整度较好，但是这种板材在使用中容易变形，只适用于制作家具柜体。

图8-5  指接板

特别注意：优质木芯板的板芯内应当无虫眼、腐烂等瑕疵，这些需要对板材切割后再仔细观察。

图8-6  木芯板

特别注意：生态板表面有装饰贴皮，表面丰富的色彩与纹理具有较好的装饰效果，板芯质量是关键。

图8-7  生态板

特别注意：优质胶合板中各层级应当均衡一致，层次应清晰，表面应平整。

图8-8  胶合板

特别注意：刨花板中颗粒应当均匀，靠近表面的颗粒细小，中间颗粒较大。

图8-9  刨花板

特别注意：纤维板表面平整度高，但是容易受潮，制作家具时注意封闭好表面。

图8-10  纤维板

木质人造板主要可用于家具、构造制作，如各种台柜、吊顶、隔墙、装饰造型等，适用面非常广，价格较高，用量较大，因此要经过精确计算下料。

## 2. 规格

木质人造板的规格模式为长 × 宽，统一尺寸规格为 2440mm×1220mm，厚度根据板材品种不等，一般为 3 ～ 22mm。用于家具主体制作的生态板、刨花板，厚度均为 18mm；用于抽屉底部、家具背部围合的胶合板厚度为 5mm 或 9mm；主流产品厚度多以 15mm、18mm 为主。

## 3. 选购方法

选购木质人造板时建议选择品牌产品，且应要求板材不能出现弯曲、变形。选购时可用手抚摸板材表面，并观察板材表面的平整度与光洁度，板材板面与侧面的主要标识应当清晰可见，且经过切割后的板材，其内芯应当整齐、无色差、无空洞。

下面以生态板衣柜为例，介绍木质人造板的下料分摊计算方法（图 8-11）。

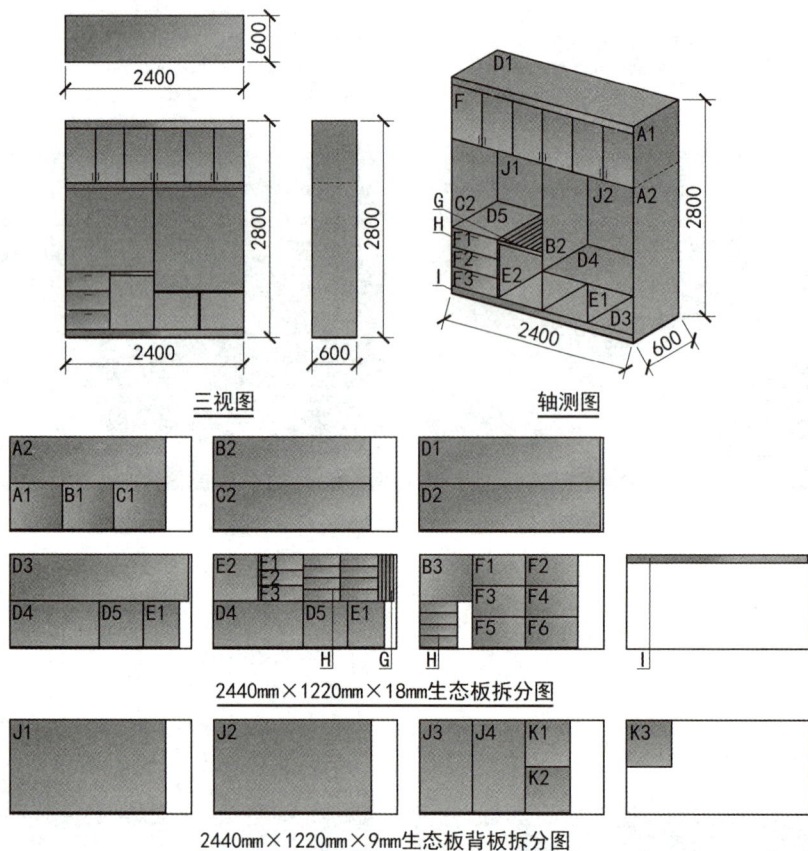

三视图　　　　　　　　　　　　轴测图

2440mm×1220mm×18mm生态板拆分图

2440mm×1220mm×9mm生态板背板拆分图

图 8-11　衣柜设计图

**市场价格：** 2440mm×1220mm×18mm 中档生态板的市场价格为 200 元 / 张左右。

**材料用量：** 制作上有平开门，下无平开门（后期定制推拉门）衣柜，根据同类衣柜既往制作经验，按衣柜正立面面积计算，约 1.3 张 /m²。

**主材价格：** 生态板主材价格≈衣柜正立面面积 × 1.3 张 /m²×200 元 / 张。

**计算方法：**

① 绘制出衣柜的三视图与轴测图。衣柜正立面宽 2.4m，高 2.8m，深 0.6m。

② 计算主要板材。将衣柜中的板材全部拆解展开，衣柜所消耗的板材主要为厚 18mm 的生态板与厚 9mm 的生态板背板，分配到 2440mm×1220mm 的板材上，并进行编号。厚 18mm 生态板综合价格为：6 张 ×200 元 / 张 =1200 元，厚 9mm 饰面胶合板综合价格为：3 张 ×200 元 / 张 =600 元，计算出板材下料费用为 1800 元。

③ 计算装饰边条。柜体制作完成后，计算正立面中板材侧边的总长度与每扇柜门的周长，计算出这些长度总和为 68m。装饰边条宽度 18mm，每根长度 2440mm，能得到消耗装饰边条的用量约 28 根，装饰边条综合价格为：28 根 ×3 元 / 根 =84 元。

④ 计算五金件。平开门数量为 6 扇，每扇门需要铰链 2 个与拉手 1 个。具体价格计算如下：铰链 2 个 / 扇 × 柜门 6 扇 ×5 元 / 个 =60 元，拉手 6 个 ×6 元 / 个 =36 元，抽屉滑轨 3 套 ×20 元 / 套 =60 元，铝合金挂衣杆 2.4m×25 元 /m=60 元，共计 216 元。

⑤ 计算辅助材料，包括免钉胶、发泡胶、各种钉子等粗略共计 100 元。

⑥ 衣柜制作主要材料价格为：主要板材总计 1800 元 + 装饰边条总计 84 元 + 五金件总计 216 元 + 辅助材料总计 100 元 =2200 元。

## 二、纸面石膏板

### 1. 特性

纸面石膏板中央是石膏，外表为封闭厚纸板，是装修中的常用板材，主要可用于吊顶、隔墙等主要装修构造的封闭围合。

### 2. 规格

规格模式为长 × 宽，一般规格为 2440mm×1220mm，厚度为 9mm 或 12mm。空间装饰中多以厚 9mm 的板材为主，有特殊使用要求时会选用厚 12mm 的板材（图 8-12）。

特别注意：纸面石膏板的质量效果在于纸板与石膏之间的结合度，优质产品应当无法分离。

图 8-12　纸面石膏板

### 3. 选购方法

选购时建议选择品牌产品，应要求板材表面不能出现起泡、变形，手触摸板材表面时应平整，周边棱角应挺括无残缺，且经过切割后的板材，其内芯应当无气泡、空洞。

下面以客厅吊顶为例，介绍纸面石膏板的下料分摊计算方法（图 8-13）。

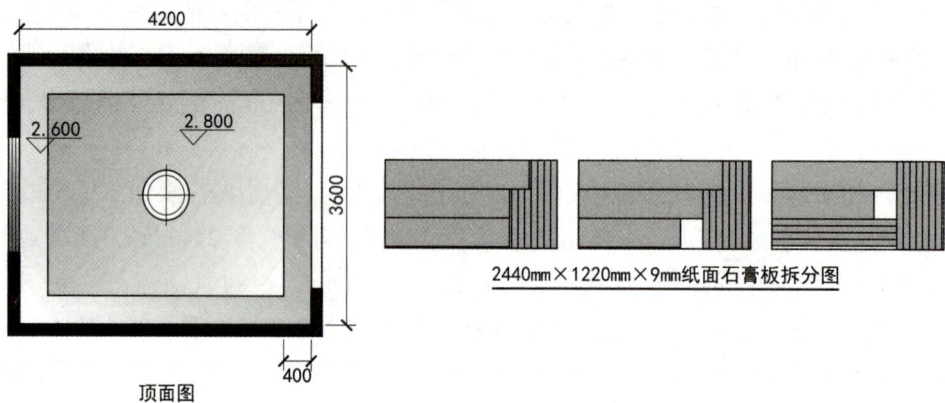

图 8-13 吊顶设计图

**市场价格：** 2440mm×1220mm×9mm 的纸面石膏板的市场价格为 25 元/张左右。

**材料用量：** 制作全封闭叠级吊顶，约 0.5 张/m²。

**主材价格：** 纸面石膏板主材价格≈顶面面积 ×0.5 张/m²×25 元/张。

**计算方法：**

① 绘制出吊顶的平面构造图。吊顶空间长 4.2m、宽 3.6m，周边吊顶宽度 0.4m，叠级造型高 0.1m，内空 0.1m。

② 计算板材。将吊顶中的板材全部拆解展开，吊顶所消耗的板材主要为厚 9mm 的纸面石膏板，分配到 2440mm×1220mm 的板材上，并进行编号。厚 9mm 纸面石膏板综合价格为：3 张 ×25 元/张 =75 元。

③ 计算轻钢龙骨。制作吊顶还需要 63mm 轻钢龙骨，间距一般为 400～600mm，边角、转折构造都需要采用龙骨支撑，根据图纸计算出龙骨的总长度为 68m，轻钢龙骨综合价格为：68m×3 元/m×1.05（损耗系数）=214.2 元。

④ 计算辅助材料，包括膨胀螺栓、螺纹吊杆、自攻螺钉等粗略共计 100 元。

⑤ 吊顶制作主要材料价格为：纸面石膏板总计 75 元 + 轻钢龙骨总计 214.2 元 + 辅助材料总计 100 元 =389.2 元。

# 第三节　地板

地面材料品种较多，主要包括木地板、橡胶地板、地毯等，这些材料的计算方式基本相同。其中木地板主要分为实木地板、实木复合地板、复合木地板等，此外还搭配各种材质的踢脚线。这些材料价格较高，在装饰中应当精确计算，务必保证所选材料能用到实处，不能浪费。本节主要介绍木地板中实木地板与配套踢脚线的规格与计算方法。

## 一、实木地板

### 1.特性

实木地板是采用天然实木加工而成的板材，该板材表面纹理清晰、真实，具有强烈的豪华感。常用的实木地板原材料有橡木、桦木、柚木、重蚁木、檀木等（图8-14、图8-15）。

特别注意：柚木地板纹理色彩比较均衡，可以通过涂刷油漆来强化表现。

特别注意：重蚁木地板纹理色彩比较沉稳，自重较大，可适应各种环境需求。

图8-14　柚木地板

图8-15　重蚁木地板

### 2.规格

不同木材所加工出来的实木地板规格不同，常规实木地板规格模式为长 × 宽 × 厚，规格尺寸为 900mm × 160mm × 22mm，根据树种与产品批次，具体规格会有所变化。

### 3.选购方法

实木地板选购时建议选择品牌产品，从侧面观察板材时，板材不应出现弯曲、变形，且用手抚摸板材表面时，也应当绝对平整。

现代实木地板多为成品漆板，即表面已经经过涂漆烘烤处理且表面光洁度能达到良好反光效果的实木板材，这种板材侧边企口转角造型统一，板材之间衔接应紧密无缝。

下面以卧室地面铺装实木地板为例，介绍实木地板的计算方法（图8-16）。

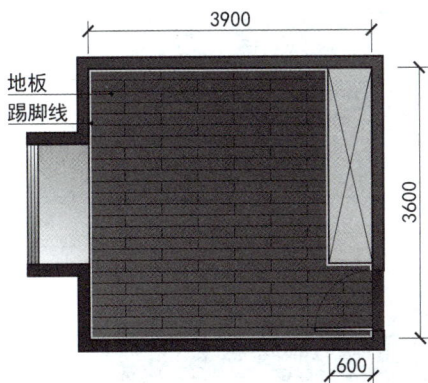

图8-16　卧室地面铺装实木地板设计图

**市场价格：** 900mm×160mm×22mm 的柚木地板的市场价格为 280 元 / m² 左右。

**材料用量：** 地面铺装面积 ×1.05（损耗系数）。

**主材价格：** 地面铺装面积 ×280 元 /m²×1.05（损耗系数）。

**计算方法：**

① 绘制出卧室地面铺装构造图。卧室空间长 3.9mm，宽 3.6mm，预先摆放衣柜。

② 计算地板。卧室地面长 3.9m，宽 3.6m，计算出地面面积为长 3.9m× 宽 3.6m= 14.04m²，衣柜占地面积为 0.6m×2.6m=1.56m²，地面铺装面积为 14.04m²−1.56m²=12.48m²，地板价格总计 12.48m²×280 元 / m²×1.05（损耗系数）≈ 3669.1 元。

③ 计算木龙骨。铺装实木地板还需要宽 50mm×厚 40mm 杉木龙骨，间距约为 400mm，根据图纸计算出龙骨的总长度为 36m，杉木龙骨综合价格为：36m×4 元 /m×1.05（损耗系数）=151.2 元。

④ 计算木芯板。木龙骨上全铺木芯板 2440mm×1220mm×18mm，120 元 / 张，木芯板综合价格为：4.5 张 ×120 元 / 张 =540 元。

⑤ 计算踢脚线。全房踢脚线周长为 14.2m，价格为 30 元 /m，踢脚线综合价格为：14.2m×30 元 /m×1.05（损耗系数）=447.3 元。

⑥ 计算辅助材料。包括防潮毡、地板钉、膨胀螺钉等粗略共计 100 元。

⑦ 实木地板主要材料价格为：地板总计 3669.1 元 + 木龙骨总计 151.2 元 + 木芯板总计 540 元 + 踢脚线总计 447.3 元 + 辅助材料总计 100 元 =4907.6 元。

## 二、铝合金发光踢脚线

### 1. 特性

传统踢脚线的材质与地面铺装材料的材质相同，大多数踢脚线都由经销商配套赠送，但是随着生活品质的提高，传统木质踢脚线不具备长久防潮、耐磨损的功能。因此现代空间装饰多采用铝合金踢脚线，其中带灯槽的铝合金踢脚线装饰视觉效果更好，且能满足多种功能空间使用需求，表面光滑、整洁，具有强烈的豪华感（图 8-17）。

特别注意：铝合金发光踢脚线是由铝合金造型底板与实木或复合木质材料组合而成，LED灯带安装在踢脚线内侧，产品质量核心在于灯带的质量。

图 8-17　铝合金发光踢脚线

## 2. 规格

铝合金踢脚线高度多为 60mm、80mm、100mm、120mm、150mm 等，厚度为 12mm 或 15mm，长度多为定制，适用于空间装饰中的铝合金踢脚线产品长度多为 2400mm，能用电梯运输。

## 3. 选购方法

铝合金踢脚线从截面观察，不能出现弯曲、变形；铝合金质地应均匀，厚度应达到 1mm，构造应牢固；安装有 LED 灯带的踢脚线还要关注灯具的品牌与安装细节，并特别注意配套连接件的工艺质量。

下面以书房铺装混纺地毯后，周边安装铝合金发光踢脚线为例，介绍踢脚线的计算方法（图 8-18）。

**市场价格：** 100mm×15mm 的铝合金发光踢脚线市场价格为 45 元/m 左右。

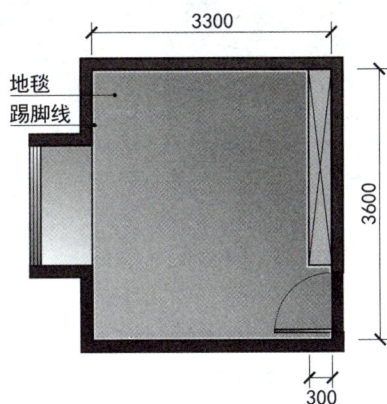

图 8-18　书房地面铺装设计图

**材料用量：** 安装周长 ×1.2（损耗系数）。

**主材价格：** 安装周长 ×45 元/m×1.2（损耗系数）。

**计算方法：**

① 绘制出书房地面铺装构造图。书房空间长 3.6m，宽 3.3m，预先摆放书柜。

② 计算铝合金发光踢脚线。测量各墙体长度，并计算总和为 13m，铝合金发光踢脚线总计：13m×45 元/m×1.2（损耗系数）=702 元。

③ 计算辅助材料。包括电源线、整流器、卡扣件、管线布设等粗略共计 50 元。

④ 踢脚线主要材料价格为：铝合金发光踢脚线总计 702 元 + 辅助材料总计 50 元 =752 元。

# 第四节　涂料

## 一、乳胶漆

### 1. 特性

乳胶漆是以合成树脂乳液为基料，然后加入颜料、填料与各种助剂配制而成的水性涂料，因此又称合成树脂乳液涂料。乳胶漆质地柔滑、细腻，具有较强的遮盖性，适用于墙、顶面涂刷（图 8-19、图 8-20）。

### 2. 规格

根据乳胶漆使用部位的不同可以将其分为内墙乳胶漆与外墙乳胶漆。其中最常用的是内墙乳胶漆，以白色为主，多采用桶装，每桶有 1L、5L、15L、18L 等多种容量，其中 18L 使用居多，普通内墙乳胶漆涂装量为 12～15 $m^2$/L。

### 3. 选购方法

乳胶漆建议选购主流品牌产品，可通过产品防伪查询码验证。优质的乳胶漆打开包装

图8-19 乳胶漆

图8-20 乳胶漆调色

特别注意：乳胶漆可自由调色，调色前购置好合适色彩的色浆，然后用清水稀释后缓缓倒入乳胶漆中，反复搅拌直至均匀即可使用。

后，黏稠度应比较均衡，且白度适中，不会过度刺眼或灰暗，用手指拿捏还会具有一定黏度，用木棍搅拌后也无沉淀感，用木棍挑起乳胶漆液体还能形成均匀、完整的扇面。

下面以一套精装房住宅空间为例，介绍乳胶漆用量计算方法（图8-21）。（全房除厨房、卫生间、阳台等空间外，全部涂刷乳胶漆。）

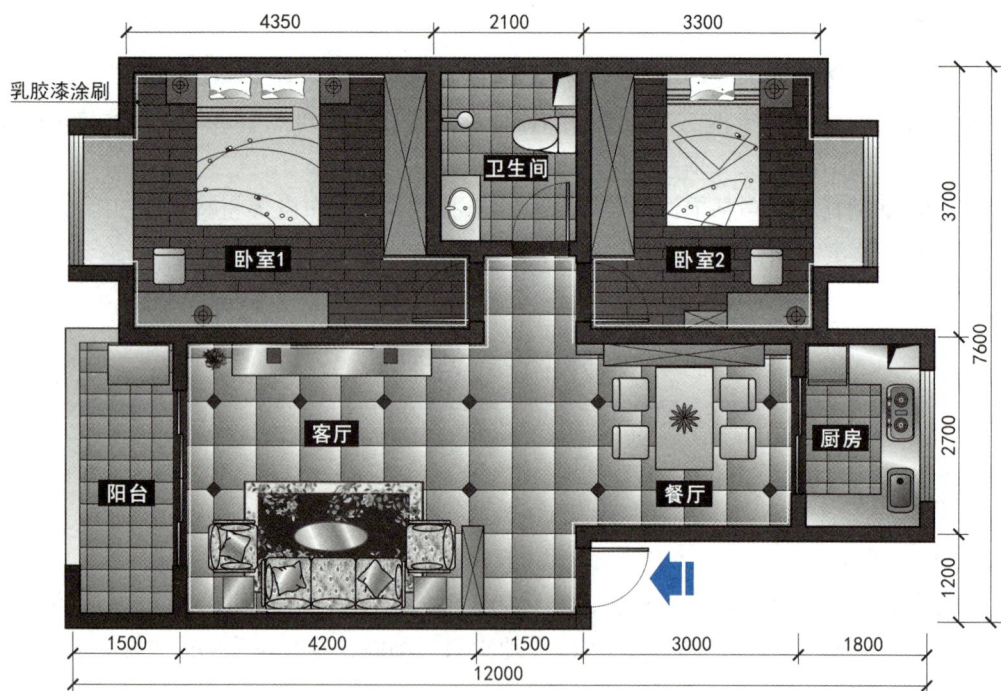

图8-21 住宅平面设计图

**市场价格：** 18L白色乳胶漆的市场价格为380元/桶左右。

**材料用量：** 涂刷面积 ÷12m²/L。

**主材价格：** 涂刷用量 ÷18L/桶 ×380元/桶。

**计算方法：**

① 绘制出室内平面图。该住宅需要涂刷乳胶漆的空间为客厅-餐厅-走道、卧室1、卧室2。

② 计算顶面涂刷。测量需要涂刷乳胶漆的顶面面积，各空间顶面面积分别为：客厅 - 餐厅 - 走道为 38.2m²，卧室 1 为 16.1m²，卧室 2 为 12.2m²。顶面涂刷面积总计为 66.5m²。顶面涂刷乳胶漆材料价格为：66.5m² ÷ 12m²/L ÷ 18L/ 桶 × 380 元 / 桶 ≈ 117.0 元。

③ 计算墙面涂刷。测量需要涂刷乳胶漆空间的周长，客厅 - 餐厅 - 走道为 25.2m，卧室 1 为 14.2m，卧室 2 为 11.3m，总计为 50.7m。周长 50.7m× 墙面高 2.75m- 门窗洞口面积 9.6m² ≈墙面涂刷乳胶漆面积 129.8m²。墙面涂刷乳胶漆材料价格总计为：129.8m² ÷ 12m²/L ÷ 18L/ 桶 × 380 元 / 桶 ≈ 228.4 元。

④ 计算石膏粉、腻子粉。石膏粉用量规格为 0.5kg/m²，顶面与墙面综合消耗石膏粉材料总价为 0.5kg/m² × （66.5m²+129.8m²）× 3 元 /kg ≈ 294.5 元；腻子粉用量规格为 1kg/m²，顶面与墙面综合消耗腻子粉材料总价为 1kg/m² ×（ 66.5m² + 129.8m²）×1 元 / kg ≈ 196.3 元。总计消耗石膏粉、腻子粉材料价格为 294.5 元 +196.3 元≈ 490.8 元。

⑤ 计算辅助材料，包括分色小桶、美纹纸、刮刀刮板、滚筒、刷子等粗略共计 100 元。

⑥ 乳胶漆主要材料价格为：顶面涂刷总计 117.0 元 + 墙面涂刷总计 228.4 元 + 石膏粉、腻子粉总计 490.8 元 + 辅助材料总计 100 元 =936.2 元。

## 二、丙烯酸水性漆

### 1. 特性

丙烯酸水性漆采用丙烯酸树脂为主要原料，对人体无害，不污染环境，漆膜丰满、晶莹透亮、柔韧性好，具有耐水、耐磨、耐老化、耐黄变、干燥快、使用方便等特点。

### 2. 规格

丙烯酸水性漆根据品质可分为单组分与双组分两种：单组分产品打开包装可直接使用，可加普通清水搅拌稀释；双组分产品分为主漆与分散剂两种包装，在使用时应根据需要调和搅拌。最常用的丙烯酸水性漆，以单组分为主，采用桶装，每桶容量有 1L、2L、5L 等多种容量，其中 5L 居多，丙烯酸水性漆涂装量为 3 ～ 4m²/L（图 8-22、图 8-23）。

特别注意：水性木器漆加水调和后，应采用软毛刷平涂均匀，以使涂料覆盖并渗透到木质纤维中去，最终达到木质材料表面封闭，呈现出光亮、洁净的装饰效果。

图 8-22　水性木器漆　　　　图 8-23　水性木器漆涂刷

### 3. 选购方法

丙烯酸水性漆建议选购主流品牌产品，可通过产品防伪查询码验证。目前市场上还存在一部分伪水性漆，使用时需要"专用稀释水"，对人体危害很大。

下面以一件实木书柜内外全部涂刷丙烯酸水性漆为例，介绍丙烯酸水性漆的用量计算方法（图 8-24）。

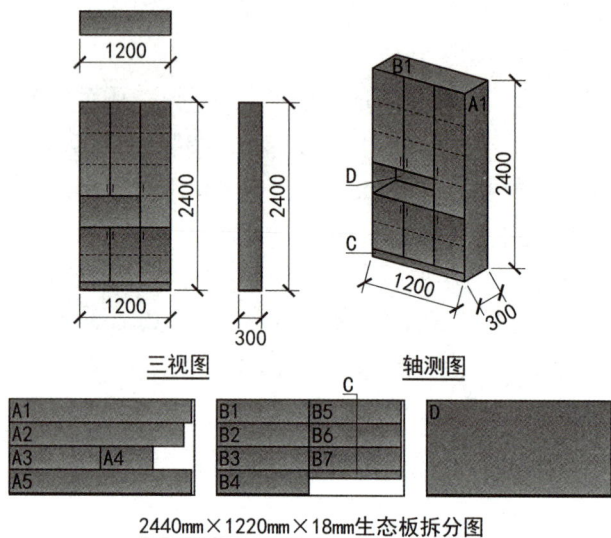

图 8-24　实木书柜设计图

**市场价格：** 5L 丙烯酸水性漆的市场价格为 160 元 / 桶左右。

**材料用量：** 涂刷面积 ÷3m²/L。

**主材价格：** 家具涂刷用量 ÷5L/ 桶 ×160 元 / 桶。

**计算方法：**

① 绘制出实木书柜三视图与轴测图。书柜正立面宽 1.2m，高 2.4m，深 0.3m。

② 计算书柜涂刷。将衣柜中的板材全部拆解展开，依次编号并拼接整齐，测量拼接后的板材面积，书柜涂刷所需总计：8.3m²/ 面 ×2 面 ÷3m²/L ÷5L/ 桶 ×160 元 / 桶 ≈ 177.1 元。

③ 计算辅助材料。包括修补腻子、原子灰、小桶、美纹纸、刮刀刮板、滚筒、刷子等粗略共计 30 元。

④ 丙烯酸水性漆主要材料价格为：书柜涂刷总计 177.1 元 + 辅助材料总计 30 元 = 207.1 元。

# 第五节　壁纸与集成墙板

壁纸与集成墙板主要可用于各种墙面与家具立面铺贴，能弥补乳胶漆涂刷效果单一的缺陷。壁纸与集成墙板价格较高，铺贴需要一定施工经验，因此整体成本较高，应当精确计算材料用量。本节主要介绍常规壁纸与集成墙板的用量计算方法。

## 一、壁纸

### 1. 特性

壁纸是用于裱糊墙面的室内装饰材料，广泛用于现代风格装饰中。壁纸材质不局限于纸，也包含其他材料，且具有色彩多样、图案丰富、豪华气派、安全环保、施工方便、价格适宜等多种特点。壁纸品种较多，如覆膜壁纸、涂布壁纸、压花壁纸等，该材料具有一定的强度、韧度，美观的外表和良好的抗水性能。

### 2. 规格

我国生产的壁纸都以卷进行包装、销售，每卷长度 10m，宽度有 500mm 与 750mm 两种规格，目前以宽度为 500mm 的产品居多，每卷能铺贴 5m² 左右。壁纸图案会影响壁纸的铺装损耗，较大的团形图案需要在铺贴过程中对齐，损耗较大；垂直条形图案无须对齐，无损耗（图 8-25）。

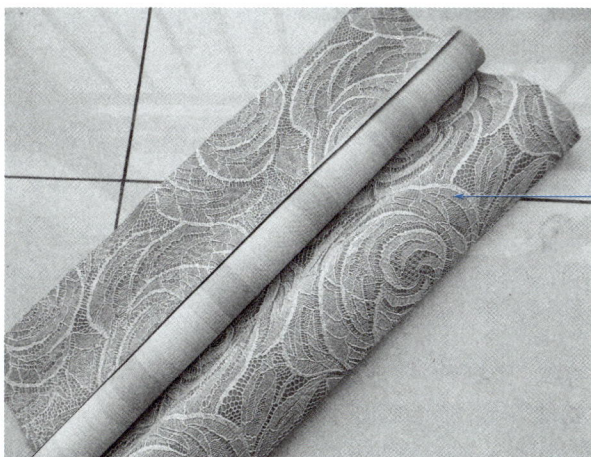

> 特别注意：PVC壁纸花型色彩丰富，具有强烈的装饰效果，且这种壁纸表面的凸凹感纹理，能给予空间较好的视觉效果，壁纸背面平整但不光滑，吸附性较强。

图 8-25　壁纸

### 3. 选购方法

选购壁纸时可用手拿捏壁纸，具有一定韧性的壁纸产品抗皱效果好；还可用水浸湿壁纸样品的单面，优质壁纸不会完全被渗透。

下面以一处卧室套间为例，包含卧室、书房等空间，墙面全部铺贴壁纸，介绍壁纸用量计算方法（图 8-26）。

**市场价格：** 500mm 宽壁纸的市场价格为 40 元 / 卷左右。

**材料用量：** 墙面铺贴面积 ÷5m² / 卷 ×1.2（损耗系数）。

**主材价格：** 墙面铺贴壁纸用量 ×40 元 / 卷。

**计算方法：**

① 绘制出卧室书房套间平面图。该套间需要铺贴壁纸的空间为卧室、书房。

② 计算墙面面积。顶面涂刷乳胶漆，无须计算。测量需要铺贴壁纸墙面的面积，各房间墙面铺贴面积合计为：合计周长 25m× 房间高度 2.6m －门窗面积 4.2m²=60.8m²。

③ 计算壁纸用量价格。得出上述墙面铺贴面积后，可计算出壁纸用量价格为：墙面铺

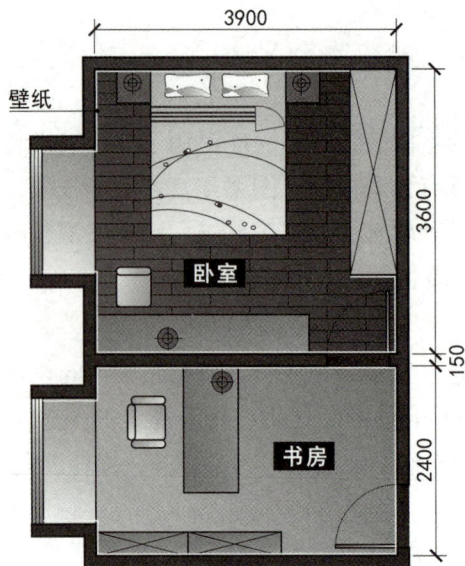

图8-26 卧室书房套间平面设计图

贴面积 60.8m² ÷ 5m²/卷 × 1.2（损耗系数）× 40元/卷 ≈ 583.7元。

④ 计算石膏粉、腻子粉。石膏粉用量规格为 0.5kg/m²，墙面综合消耗石膏粉总价为 0.5kg/m² × 60.8m² × 3元/kg=91.2元；腻子粉用量规格为 1kg/m²，墙面综合消耗腻子粉总价为 1kg/m² × 60.8m² × 1元/kg=60.8元。石膏粉、腻子粉共计 91.2元 + 60.8元 =152元。

⑤ 计算辅助材料。包括壁纸胶、基膜、刮刀刮板、滚筒、刷子等，其中：壁纸胶用量为平均铺贴 1 卷壁纸需要 0.25kg，均价为 28元/kg；基膜用量为平均铺贴 1 卷壁纸需要 0.25kg，均价为 48元/kg。综合计算壁纸胶与基膜用量规格为 19元/卷，共计 60.8m² ÷ 5m²/卷 × 1.2（损耗系数）× 19元/卷 ≈ 277.2元。

⑥ 壁纸主要材料价格为：壁纸用量总计 583.7元 + 石膏粉、腻子粉总计 152元 + 辅助材料总计 277.2元 =1012.9元。

## 二、集成墙板

### 1. 特性

集成墙板：主要由竹木纤维、碳纤维和高分子材料等经过高压后制成的室内装饰墙板。材料表面采用高温覆膜或滚涂工艺，既有壁纸丰富的色彩和图案，还能增加立体感。集成墙板目前已经过国内权威部门的多项检测，且均符合标准。

集成墙板具有保温、隔热、隔音、防火、防潮等多重功能，这种材料硬度强、绿色环保、安装便捷、易清洁，是今后发展室内墙面装修的流行材料。

### 2. 规格

集成墙板多为定制产品，长度为 6m，可以根据需要定制裁切后再发货运输到安装现场，宽度为 300mm、600mm、900mm 多种，能满足不同场合需要，厚度则为 9 ～ 12mm，可根据不同厂家的产品开发设计来确定（图8-27、图8-28）。

特别注意：集成墙板多为竹木纤维制品，环保性能好，中空构造具有隔音效果。

特别注意：集成墙板采用免钉胶直接安装，整体墙面覆盖，装饰造型丰富多变，不占用室内空间。

图8-27　集成墙板　　　　　　　　图8-28　集成墙板应用效果

### 3. 选购方法

最简单的方法是闻气味，优质产品无任何异味，如果闻到刺鼻气味，则属于不合格产品；还可观察墙板的厚度和颜色，集成墙板的厚度多在 10mm 左右，优质墙板截面为米黄色，无杂点，否则可能是回收材料制作而成的。

下面以住宅公共空间为例，包含客厅、餐厅、走道等空间，墙面全部铺贴集成墙板，介绍成品墙板用量计算方法（图 8-29）。

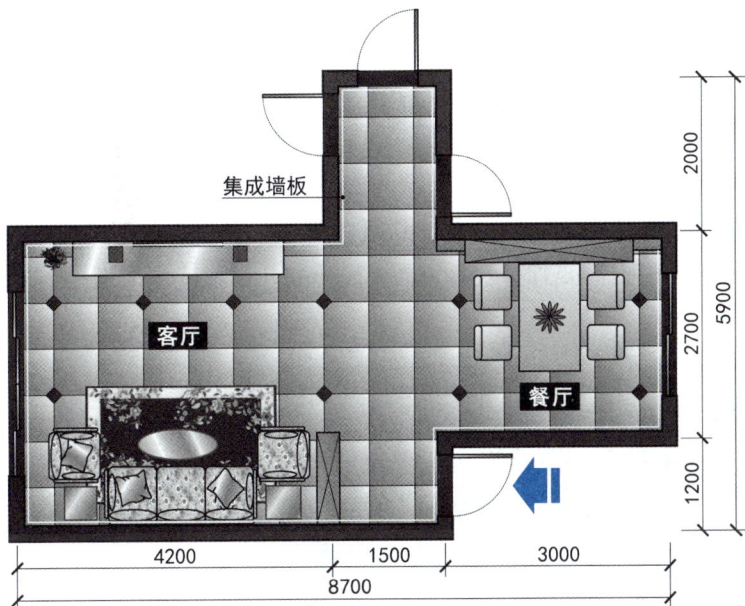

图8-29　住宅公共区域平面设计图

**市场价格：** 600mm 宽集成墙板的市场价格为 40 元 /m² 左右。

**材料用量：** 墙面铺贴面积 ×1.2（损耗系数）。

**主材价格：** 墙面铺贴材料用量 ×40 元/m²。

**计算方法：**

① 绘制出建筑外部公共空间平面图。需要铺贴集成墙板的空间为客厅、餐厅、走道。

② 计算墙面面积。测量需要铺贴墙板墙面的面积，顶面涂刷乳胶漆，无须计算。各空间墙面铺贴面积为：合计周长 29.2m × 房间高度 2.65m − 门窗面积 14.4m² ≈ 63m²。

③ 计算集成墙板价格。得出上述墙面铺贴面积后，可计算出集成墙板用量价格为：墙面铺贴面积 63m² × 40 元/m² × 1.2（损耗系数）=3024 元。

④ 计算辅助材料。包括基础预埋件、膨胀螺钉、结构胶，收口边条等，粗略共计 200 元。

⑤ 集成墙板主要材料价格为：集成墙板价格总计 3024 元 + 辅助材料总计 200 元 =3224 元。

# 第六节　定制集成家具

定制集成家具是空间装饰的重要组成部分。当传统装修工艺不便于实施时，就需要在工厂进行加工制作，将原材料加工完成后，运输至施工现场再进行快速组装，这种加工方式不仅能大幅度提高施工效率，还能降低生产、安装成本。

## 一、概述

### 1. 特性

定制集成家具又被称为集成家具或入墙家具，它能满足不同空间对于尺寸的要求，能降低安装难度，造型时尚大方，同时还能有效节约空间，让室内空间看起来更加宽敞。定制集成家具是当下很流行的一种家具类型，产品品质与价格主要受板材与安装工艺影响。

### 2. 规格

定制集成家具的高度根据需要可设计到室内顶部，宽度可设计为整面墙或转角造型，深度多为 600mm，可根据需要加大到 800 ~ 1200mm，以形成围合造型的衣帽间或储物间（图 8-30）。

特别注意：定制集成家具的最大优势在于无须在现场制作，但是又能与现场空间尺寸完美贴合，家具加工精度高，制作精细，耐用性能好，柜体与构造表现的装饰可以任意设计定制。

图8-30　定制集成家具

### 3.选购方法

选购时要注重材质，定制衣柜板材根据品质从低到高，主要可分为纤维板（密度板）、刨花板（颗粒板）、多层板（胶合板）、实木板等4种，其中实木板综合性能最佳，价格最高。

此外，柜体封边也很关键，如果封边不好，纤维板、刨花板、多层板中的甲醛便很容易释放出来，封边爆开也会影响美观。在选购定制集成家具时还需重点注意五金件，尤其是铰链质量，高档产品多配套全不锈钢铰链，这种铰链具有开启角度定位与磁吸等优良功能。

## 二、定制集成衣柜

下面以卧室空间为例，介绍定制集成衣柜的计算方法（图 8-31）。

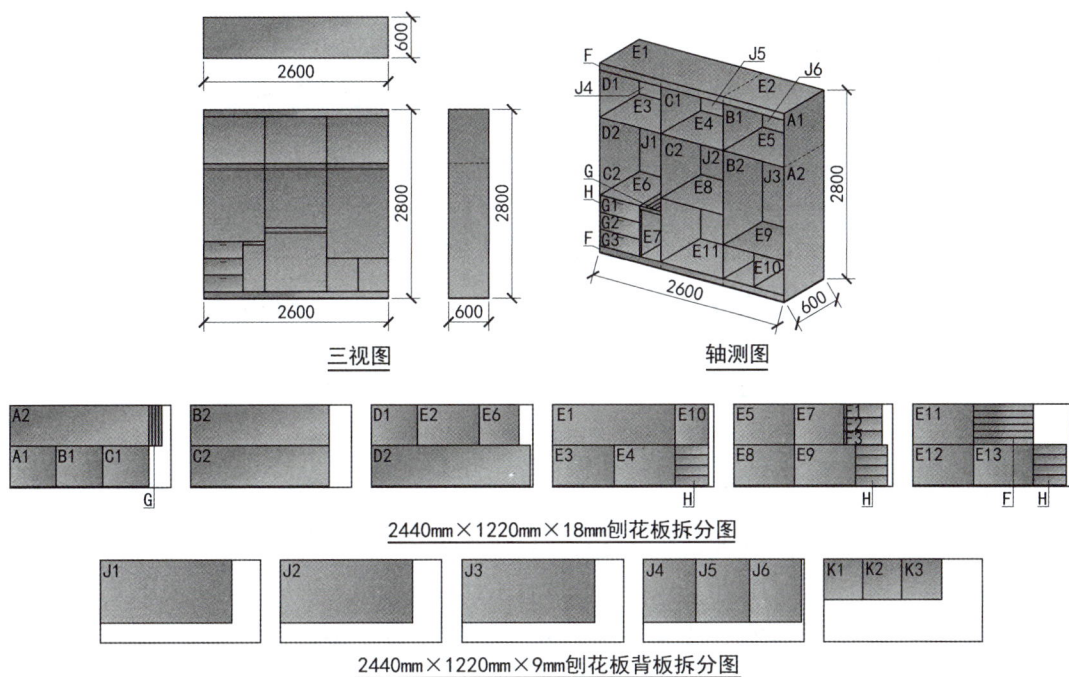

三视图　　　　　　轴测图

2440mm×1220mm×18mm刨花板拆分图

2440mm×1220mm×9mm刨花板背板拆分图

图 8-31　定制集成衣柜设计图

**市场价格：** 中档刨花板（颗粒板）制作的定制集成衣柜，将板材展开后计算，市场价格为 180 元 /m² 左右。

**材料用量：** 制作平开门衣柜，按衣柜板材展开面积计算。

**主材价格：** 衣柜主材价格 ≈ 衣柜主体板材展开投影面积 ×180 元 /m² + 衣柜背后板材展开投影面积 ×150 元 /m²。

**计算方法：**

① 绘制出定制集成衣柜的三视图与轴测图。衣柜正立面宽 2.6m，高 2.8m，深 0.6m。

② 计算主要板材。将衣柜中的板材全部拆解展开，衣柜所消耗的板材主要为厚 18mm 的刨花板，衣柜板材展开面积为 26.2m²，分配到 2440mm×1220mm 的板材上，并进行编

号。厚 18mm 刨花板消耗主材价格为 16.9m² × 180 元 /m²=3042 元，厚 9mm 刨花板消耗主材价格为 9.3m² × 150 元 /m²=1395 元，共计 4437 元。

③ 计算抽屉。柜体柜门制作完成后，每一个抽屉增加 100 元，共计 3 个抽屉 × 100 元 = 300 元。

④ 计算五金件。铝合金挂衣杆 2.8m × 25 元 /m=70 元，拉手 3 个 × 6 元 / 个 =18 元，共计 88 元。

⑤ 衣柜制作主要材料价格为：板材总计 4437 元 + 抽屉总计 300 元 + 五金件总计 88 元 = 4825 元。

## 三、定制集成橱柜

下面以厨房柜体为例，介绍定制集成橱柜的计算方法（图 8-32）。

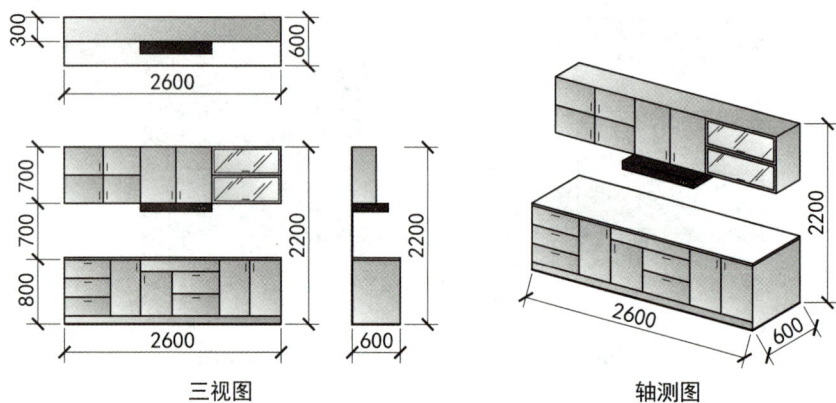

三视图          轴测图

图 8-32   定制集成橱柜设计图

**市场价格：** 中档刨花板（颗粒板）制作的定制集成橱柜，按橱柜长度延米计算，市场价格为 2000 元 /m 左右。其中上柜价格占 30%（600 元 /m），下柜价格占 70%（1400 元 /m）。

**材料用量：** 制作平开门橱柜，按橱柜长度延米计算，确定上柜用量与下柜用量。

**主材价格：** 橱柜主材价格 = 上柜用量 × 600 元 /m + 下柜用量 × 1400 元 /m。

**计算方法：**

① 绘制出定制集成橱柜的三视图与轴测图。橱柜正立面宽 2.6m，高 2.2m，深 0.6m。

② 计算主要柜体。分别计算上柜与下柜的价格，上柜价格为 2.6m × 600 元 /m=1560 元，下柜价格为 2.6m × 1400 元 /m=3640 元，共计 1560 元 + 3640 元 =5200 元。

③ 计算抽屉。柜体柜门制作完成后，每一个抽屉增加 150 元，共计 5 个抽屉 × 150 元 / 个 =750 元。

④ 计算配件。上柜玻璃柜门 2 扇 × 100 元 / 扇 =200 元，下柜拉篮 2 件 × 150 元 / 件 = 300 元，台面石材 2.6m × 350 元 /m=910 元，共计 1410 元。

⑤ 橱柜制作主要材料价格为：主要柜体总计 5200 元 + 抽屉总计 750 元 + 配件总计 1410 元 =7360 元。

# 第七节 水管电线

水管电线材料费用在装饰工程中常常在竣工阶段结算，但会先在预算中设定一个预估数值，这个预估值是根据装饰企业多年的施工经验总结而来的，又称为估算。随着经验的积累，快速估算越来越精准，下面分别介绍给排水管、电线的快速估算方法。

## 一、给排水管

现代空间装饰多采用PP-R管作为给水管，采用PVC管作为排水管。在安装时需要搭配各种配套管件，并通过热熔焊接来完成施工，主要安装区域集中在厨房、卫生间、阳台等空间。在快速估算时主要对厨房、卫生间空间进行精确计算，阳台等其他空间根据实际长度估算或在结算时另行增补即可。

给水管与排水管的管道材质与施工工艺虽然不同，但是材料价格与安装难度相当，因此在快速估算时可以综合计算。

下面以相邻的厨房、卫生间、阳台空间为例，介绍给排水管的计算方法（图8-33）。

**市场价格：** PP-R管与PVC管按长度延米计算，市场价格均为15元/m左右。

**材料用量：** 厨房、卫生间等主要用水空间周长 ×2.5（系数）。

**主材价格：** 给排水管综合价格＝用水空间周长 ×2.5（系数）×15元/m。

**计算方法：**

① 绘制出厨房、卫生间的平面图。厨房长2.8m，宽1.8m；卫生间长2.4m，宽1.6m。

② 计算厨房、卫生间周长。厨房周长为9.2m，卫生间周长为8m，共计：9.2m＋8m=17.2m。

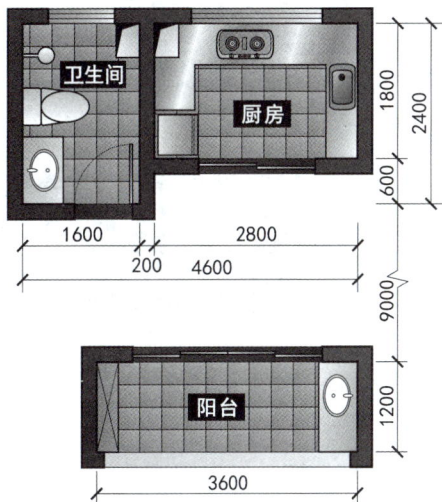

图8-33 厨房、卫生间与阳台设计图

③ 计算厨房、卫生间给排水管综合价格。实际为：17.2m×2.5(系数)×15元/m=645元。

④ 计算其他空间给排水管价格。阳台给排水管根据实际情况，一般按周长的0.5倍、1倍、1.5倍计算。如按周长1倍计算长度为9.6m，从厨房到阳台的给水管按两处空间的直线距离计算，以9m为例，阳台给排水管耗材综合价格为：（9.6m＋9m）×15元/m=279元。

⑤ 给排水管制作主要材料价格为：厨房、卫生间给排水管制作材料总计645元＋阳台给排水管制作材料总计279元=924元。

## 二、电线耗材

现代装饰中多采用单股电线作为主要电源线，外部套接$\phi$18mm PVC穿线管保护。电源线规格主要为1.5mm²、2.5mm²、4mm²三种，其中1.5mm²电线用于普通照明与普通电器插座，2.5mm² 用于中等电器插座与小功率空调，4mm² 用于中等功率热水器、空调，少数别墅住宅中的大型电器会采用 8mm² 电线。

在普通建筑空间中，这些规格电线的数量会根据户型面积、空间结构来确定，但是在长期实践中，也总结出十分精准的规律，即在正常中档装饰环境下，建筑面积与电线卷数（100m/卷）相对应，因此在快速估算时可以综合计算。此外，网线、电视线等弱电线可以根据实际需要预估，一般与户型整体长边距离相当。

下面以精装房住宅为例，介绍电线的计算方法（图 8-34）。

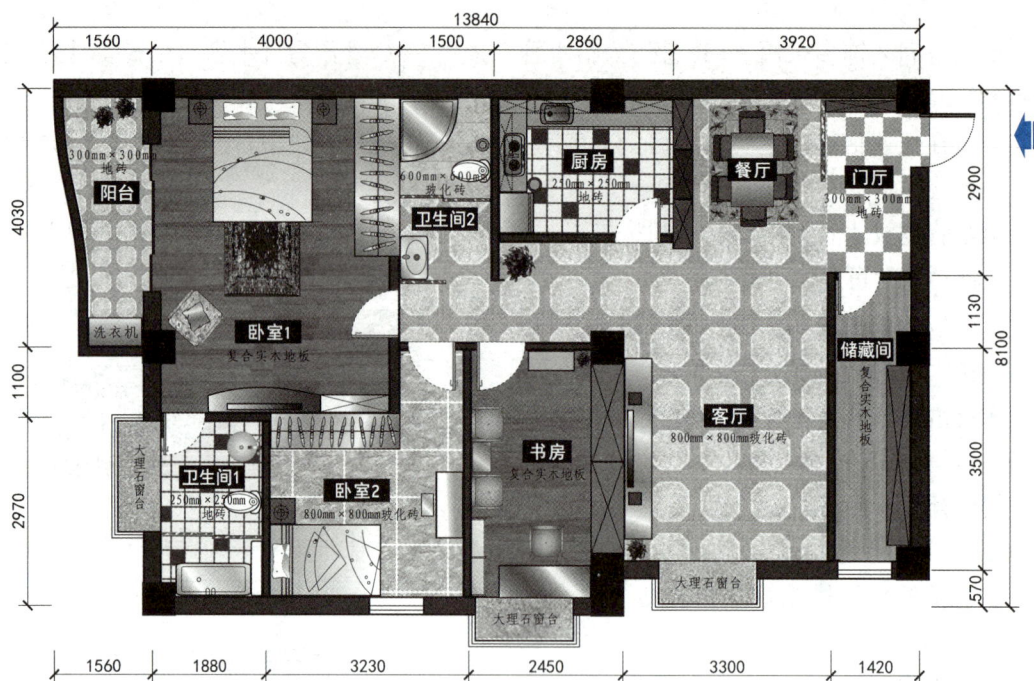

图 8-34　精装房住宅设计图

**市场价格：**以使用频率最高的 2.5mm² 电线为基准，按长度延米计算，配合穿线管，市场价格均为 4 元 /m 左右。

**材料用量：**建筑面积 ÷8（系数）= 电线卷数（100m/卷），1.5mm²、2.5mm²、4mm² 三种规格电线用量比例为 3 ：6 ：1。

**主材价格：**电线综合价格 = 电线卷数 ×100m/卷 ×4 元 /m。

**计算方法：**

① 绘制出整体平面图。建筑面积为 130m²。

② 计算电线数量。建筑面积 130m² ÷8（系数）=16.25 卷，按 1.5mm²、2.5mm²、4mm² 三种规格电线用量比例为 3 ：6 ：1 计算：

1.5mm² 电线：16.25 卷 ×0.3=4.875 卷；

2.5mm² 电线：16.25 卷 ×0.6=9.75 卷；

4mm² 电线：16.25 卷 ×0.1=1.625 卷。

③ 计算电线价格。根据上述计算，按整数采购原则，1.5mm² 电线需要 5 卷（2 卷红

线、2卷蓝线、1卷黄绿线），2.5mm²电线需要10卷（4卷红线、4卷蓝线、2卷黄绿线），4mm²电线需要2卷（1卷红线、1卷蓝线），共需要17卷电线（100m/卷）。搭配穿线管后，按2.5mm²电线综合计算，电线综合价格为：17卷×100m/卷×4元/m=6800元。

④ 计算其他弱电线价格。现代住宅多为无线Wi-Fi网络，可根据需要配有线电视，网线长度与电视线长度分别与户型整体长边距离相当。该户型长边长度为13m，网线与电视线综合价格为13m×2×4元/m=104元。

⑤ 电线制作主要材料价格为：电线总计6800元+弱电线总计104元=6904元。

> **小结**
>
> 　　本章着重阐述了在装饰工程项目中常用的主要材料与辅助材料，同时依次解析了如何计算这些材料的消耗量及其成本。文中旨在为读者提供一系列简化的计算方法，从而能够迅速且精确地估算出相关费用。掌握材料采购的相关知识与预算制定的技巧对于有效地监控和调整装饰项目的预算至关重要。

## 课后练习题

　　图8-35是一套精装房住宅设计图，其中客餐厅用复合木地板，厨房、卫生间、阳台是釉面砖，卧室选用实木地板。对全房地面使用材料进行计量，并计算材料的价格。

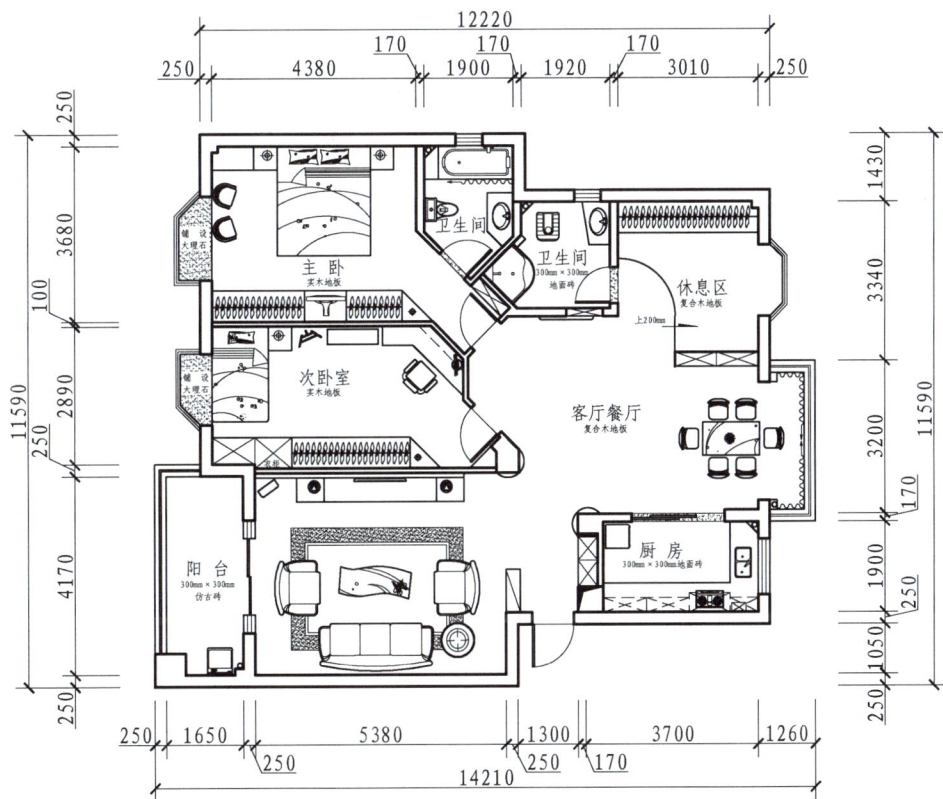

图8-35　住宅室内设计图

# 第九章
# 施工工艺与预算调整

**学习难度**：★★★★☆

**重点概念**：拆除、水路、电路、防水、墙地砖、隔墙、吊顶、柜体、涂料、壁纸、门窗、地板

**章节导读**：本章旨在深入探讨装饰施工领域内多项技艺，同时，对相关装修施工成本进行详尽的剖析。该成本主要涵盖劳动力报酬以及部分设备使用过程中的损耗费用等要素。细致梳理装饰施工过程中所涉及的各种技术细节，进而展开对施工费用的深入分析。

## 第一节　拆除施工

拆除墙体，并将其改造成门窗洞口，能最大化地利用空间，这是常见的改造手法。拆墙的目的很明确，就是开拓空间，使阴暗、狭小的空间变得明亮、开敞。在改造施工中要谨慎操作，注意拆墙不能破坏周边构造，要保证建筑构造的安全性。

### 一、拆除施工方法

（1）分析预拆墙体的构造特征，确定能否被拆除，并使用深色记号笔在能拆的墙面上作出准确标记（图9-1）。

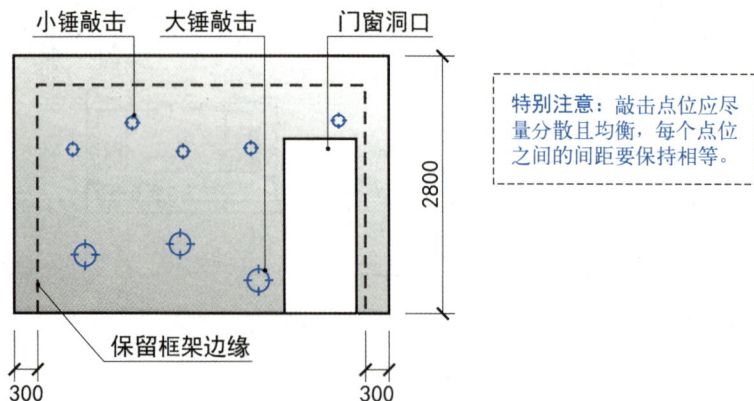

特别注意：敲击点位应尽量分散且均衡，每个点位之间的间距要保持相等。

图9-1　拆除墙体敲击部位示意图

（2）使用电锤或钻孔机沿拆除标线做密集钻孔。

（3）使用大铁锤敲击墙体中央下部，使砖块逐步脱落，再用小铁锤与凿子修整墙洞边缘（图9-2、图9-3）。

（4）将拆除界面清理干净，采用水泥砂浆修补墙洞，待干并养护七天。

图9-2　敲击墙体中央下部

图9-3　修整墙洞边缘

## 二、拆除施工费计算

人力锤击墙体的效率与墙体结构、厚度有直接关系。

以 120mm 厚的轻质砖墙拆除为例，人力锤击工作量约为 40m²/d（墙面面积），日均工资 500 元，折合计算拆除施工费为 12.5 元 /m²，加上工具费与装袋费，则最终的拆除施工费为 15 元 /m²。

其中包含锤击、拆除、修边、建筑垃圾装袋整理等一系列工作，但不包括将建筑垃圾搬离现场。注意其他厚度的隔墙可适当增减拆除施工费，但增减幅度不超过 50%。

# 第二节　水路施工

水路改造是指在现有水路构造的基础上对管道进行调整，水路布置则是指对水路构造进行全新布局。水路施工前一定要绘制比较完整的施工图，并在施工现场与施工员交代清楚。水路构造施工主要分为给水管施工与排水管施工两种，其中给水管施工是重点，需要详细图纸指导施工（图9-4）。

## 一、水路施工方法

（1）查看厨房、卫生间的施工环境，找到排水管出口。现在大多数商品楼房将排水管引入厨房与卫生间后就不作延伸了，水路施工时需要对排水口进行必要延伸，但是不能改动原有管道的入户方式。

（2）根据设计要求在地面上测量管道尺寸，进行给水管下料并预装（图9-5）。厨房地特别注意：各种给排水管道分配应当具有逻辑，管道走向应清晰，用水点、排水点要准确，且需附带尺寸，能精准测量推算出管道长度。

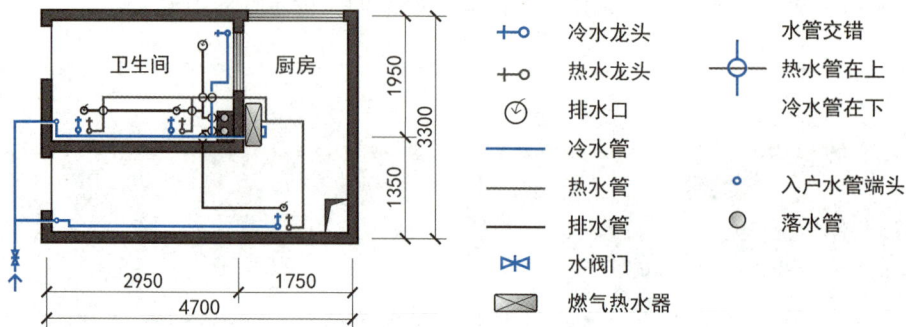

卫生间　厨房

1950
3300
1350

2950　1750
4700

冷水龙头　　　　水管交错
热水龙头　　　　热水管在上
排水口　　　　　冷水管在下
冷水管
热水管　　　　　入户水管端头
排水管　　　　　落水管
水阀门
燃气热水器

图9-4　给排水设计示意图

面一般与其他房间等高，如果要改变排水口位置，只能紧贴墙角作明装，待施工后期再用地砖铺贴转角作遮掩，或用橱柜作遮掩。下沉式卫生间不能破坏原有地面防水层，管道应在防水层上布置安装；如果卫生间地面与其他房间等高，最好不要对排水管进行任何修改，或作任何延伸、变更，否则都需要砌筑地台，给出入卫生间带来不便。

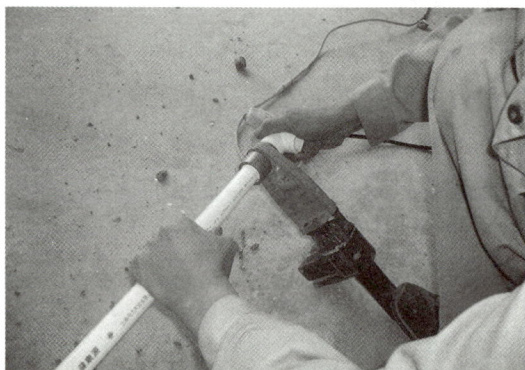

图9-5　给水管热熔焊接

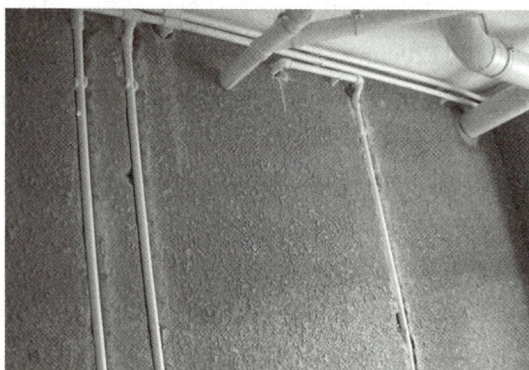

图9-6　给水管安装固定

（3）布置周全后仔细检查水路布置是否合理，无异常便可正式胶接安装，应采用各种预埋件与管路支托架固定给水管（图9-6）。

（4）采用盛水容器为各排水管做灌水试验，观察排水能力以及是否漏水，局部可以使用水泥加固管道。下沉式卫生间需用细砖渣回填平整，回填时注意不要破坏管道（图9-7、图9-8）。

## 二、水路施工费计算

水路施工看似复杂，实际在精准的设计图规范下，施工起来比较容易。建筑空间中的卫生间、厨房、阳台等用水空间的施工工程量相差很小，单个空间的工作面积多为4～8m²。

1名施工员每日能完成1处卫生间的给排水施工，3天能完成2处卫生间、1处厨房、1处阳台的全部给排水施工，后期安装各种洁具、设备、配件约1天，总计为4天，日均工

图9-7　排水管涂胶

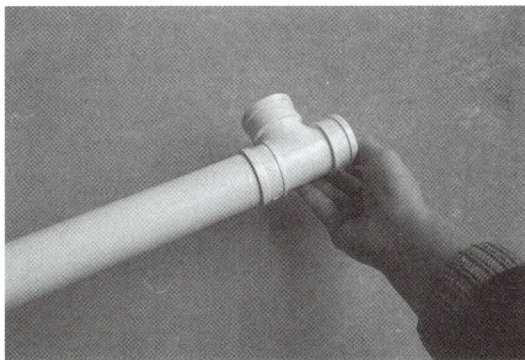

图9-8　排水管固定安装

资 500 元，综合人工费为 2000 元。上述空间约 20m²，则最终的水路施工费为 100 元 /m²。

其中包含墙与地面管道槽口开凿、给排水管道安装布置、水压测试、封闭管槽、建筑垃圾装袋整理、后期安装等一系列工作，但不包括将建筑垃圾搬离现场。注意水路施工费用的增减幅度不超过 10%。

# 第三节　电路施工

电路改造与布置更复杂，涉及强电与弱电两种电路。强电可以分为照明、插座、空调电路，弱电可以分为电视、网络、电话、音响电路等，改造与布置方式基本相同。电路施工在装修中涉及的面积最大，遍布整个建筑空间，现代装饰要求全部线路都隐藏在顶、墙、地面及装修构造中，施工时需要严格操作。

## 一、强电施工方法

强电施工是电路改造与布置的核心，应正确选用电线型号，合理分布（图9-9～图9-14）。

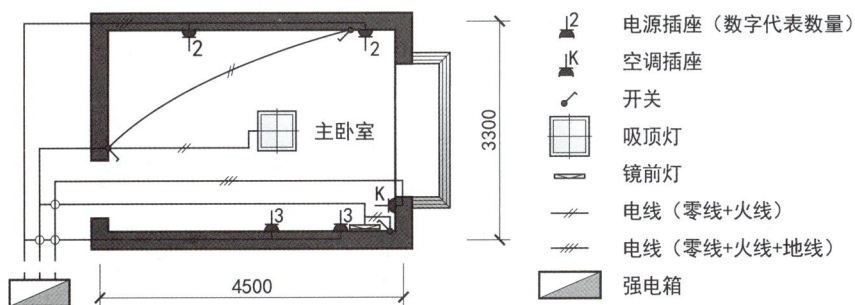

| 符号 | 说明 |
| --- | --- |
| ↓2 | 电源插座（数字代表数量） |
| ↓K | 空调插座 |
| ↙ | 开关 |
| ▦ | 吸顶灯 |
| ▭ | 镜前灯 |
| ／／ | 电线（零线+火线） |
| ／／／ | 电线（零线+火线+地线） |
| ◪ | 强电箱 |

特别注意：预先设计绘制简要电路图，厘清线路之间的逻辑关系，数清插座、开关面板的数量并进行采购。

图9-9　强电设计示意图

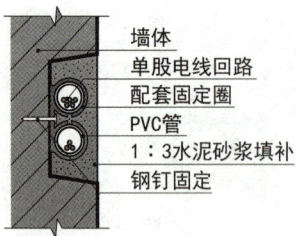

墙体
单股电线回路
配套固定圈
PVC管
1：3水泥砂浆填补
钢钉固定

特别注意：采用电锤或开槽机对墙、地面开槽，将管线埋入墙体后用水泥砂浆封闭固定。

图9-10　穿线埋管设计示意图

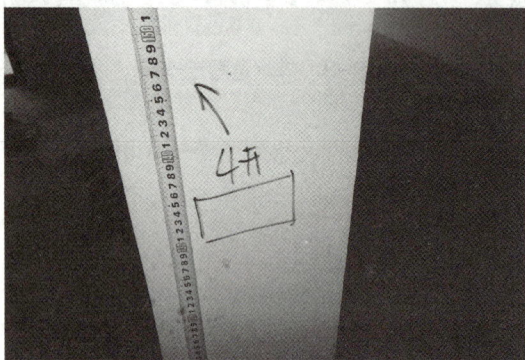

图9-11　墙面定位

图9-12　放线标记

（1）根据完整的电路施工图现场草拟布线图，使用墨线盒弹线定位，在墙面上标出线路终端插座、开关面板位置，并对照图纸检查是否有遗漏。

（2）在顶、墙、地面开线槽，线槽宽度及数量根据设计要求来定。埋设暗盒及敷设PVC电线管，并将单股线穿入PVC管。

（3）安装空气开关、各种开关插座面板、灯具等设备，并通电检测。

（4）根据现场实际施工状况完成电路布线图，备案并复印交给下一工序的施工员。

图9-13　电线穿管

图9-14　管线布置

## 二、弱电施工方法

弱电是指电压低于36V的传输电能，主要用于信号传输。电线内导线较多，传输信号时容易形成弱电磁脉冲。

弱电施工的方法与强电基本相同，同样需参考详细的设计图纸。在电路施工过程中，强电与弱电可同时操作，但要特别注意添加防屏蔽构造与措施，除了自身具有防屏蔽功能的高档产品外，各种传输信号的电线还应当采用带防屏蔽功能的 PVC 穿线管。

较复杂的弱电还有音响线、视频线等。弱电可布置在吊顶内或墙面高处，强电布置在地面或墙面低处，将两者系统地分开，既符合安装逻辑，又能高效、安全地传输信号（图9-15～图9-17）。

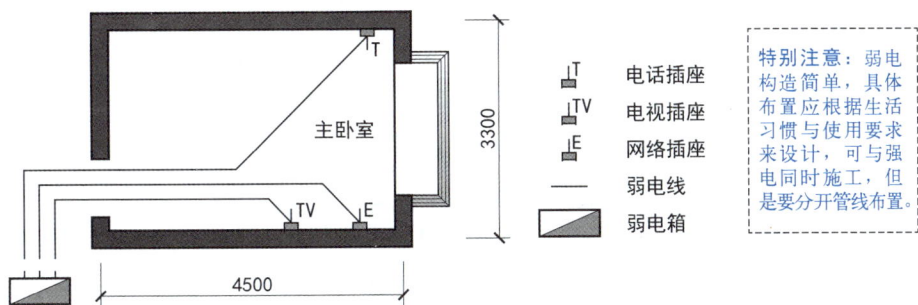

图9-15　弱电设计示意图

图9-16　强、弱电线路布置

图9-17　弱电箱布置

## 三、电路施工费计算

电路施工比较复杂，但是设计图纸清晰明确，施工起来效率较高。装饰工程中各个空间都涉及电路，以常规两室两厅一厨一卫 90m² 住宅为例。

1 名施工员每日能完成 15m² 的建筑面积，需要 6 天完成全房 90m² 的穿管、布线工作，后期安装各种灯具、开关面板、电器、配件约 2 天，总计为 8 天，日均工资 500 元，综合人工费为 4000 元，则最终的电路施工费约为 45 元 /m²。

其中包含墙与地面管道槽口开凿、强电和弱电线管道安装布置、封闭管槽、建筑垃圾装袋整理、后期安装等一系列工作，但不包括将建筑垃圾搬离现场，注意电路施工费用的增减幅度不超过 10%。

# 第四节　防水施工

给、排水管道都安装完毕后，就需要开展防水施工。所有毛坯住宅的厨房、卫生间、阳台等空间的地面原来都有防水层，但是所用的防水材料不确定，防水施工质量不明确，因此无论原来的防水效果如何，在装修时都应当重新检查并制作防水层（图 9-18）。

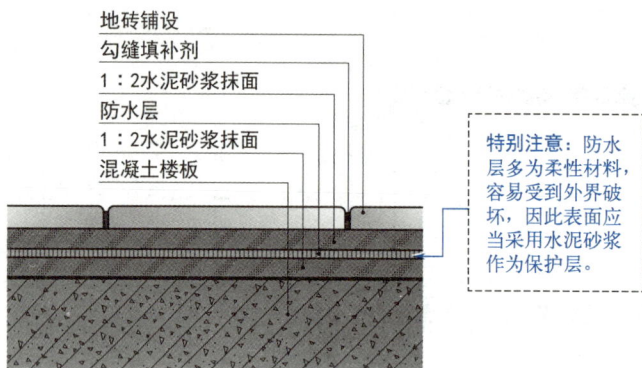

图 9-18　防水层设计示意图

## 一、室内防水施工方法

室内防水施工主要适用于厨房、卫生间、阳台等经常接触水的空间，施工界面为地面、墙面等水分容易附着的界面。目前用于室内的防水材料很多，下面主要介绍 K11 防水涂料的施工方法。

（1）将厨房、卫生间、阳台等空间的墙、地面清扫干净，保持界面平整、牢固，对凹凸不平及裂缝处采用 1 ∶ 2 水泥砂浆抹平，并洒水润湿防水界面（图 9-19）。

（2）选用优质防水浆料，依据产品包装上的说明，按比例将其与水泥准确调配在一起，调配均匀后静置 20 分钟以上（图 9-20、图 9-21）。

（3）对地面、墙面分层涂覆，根据不同类型的防水涂料，一般需涂刷 2 ～ 3 遍，涂层应均匀，间隔时间应大于 12 小时，以干而不黏为准，涂层总厚度为 2mm 左右（图 9-22）。

图 9-19　墙面浸湿

图 9-20　粉料结合

图9-21　均匀搅拌

图9-22　滚涂

（4）滚涂完毕后须经过认真检查，局部填补转角部位或用水率较高的部位，待干。

（5）使用素水泥浆将整个防水层涂刷1遍，待干。

（6）采取封闭灌水的方式，进行防水试验，如果48小时后检测无渗漏，则可进行后续施工。

## 二、防水施工费计算

防水施工比较简单，防水质量主要在于施工员的职业责任精神。以常规住宅为例，空间共有两处卫生间、一处厨房、一处阳台，共计占地面积为20m²，需要涂刷防水涂料的面积约为50m²。

1名施工员每日能完成50m²的墙、地面涂刷，涂刷3遍，日均工资600元，则最终的防水施工费约为12元/m²。

其中包含墙与地面滚涂、刷涂、修补、试水等一系列工作，注意防水施工费用的增减幅度不超过10%。

# 第五节　墙地砖施工

铺装施工技术含量较高，需要具有丰富经验的施工员操作，多讲究平整、光洁，是装饰工程施工的重要面子工程，墙、地面的装饰效果主要通过铺装施工来表现。本节主要介绍墙面砖、地面砖等材料的铺装方法，施工时应特别注重材料表面的平整度与缝隙宽度。在施工过程中，应随时采用水平尺校对铺装构造的表面平整度，随时采用尼龙线标记铺装构造的厚度，随时采用橡皮锤敲击砖材的四个边角，这些都是控制铺装平整度的重要操作方式。

## 一、墙砖铺装方法

在装饰工程中，墙砖铺贴是技术性极强，且非常耗费工时的施工项目。一直以来，墙砖铺装水平都是衡量装修质量的重要参考，很多业主甚至能自己动手铺贴瓷砖，但是现代装修所用的墙砖体块越来越大，如果不得要领，铺贴起来会很吃力，而且效果也不好。墙砖铺装要求粘贴牢固、表面平整，且垂直度符合标准，施工难度较高（图9-23）。

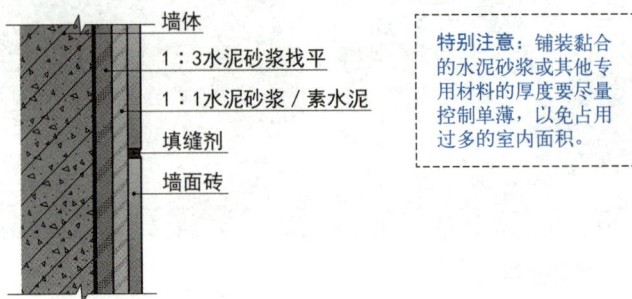

墙体
1:3水泥砂浆找平
1:1水泥砂浆／素水泥
填缝剂
墙面砖

特别注意：铺装黏合的水泥砂浆或其他专用材料的厚度要尽量控制单薄，以免占用过多的室内面积。

图9-23 墙砖铺装示意图

（1）清理墙面基层，铲除水泥疙瘩，平整墙角，但是不要破坏防水层，同时，选出用于墙面铺贴的瓷砖浸泡在水中，3～5小时后取出晾干（图9-24）。

（2）配置1:1水泥砂浆或素水泥待用，洒水润湿铺贴墙面基层，并放线定位，精确测量转角、管线出入口的尺寸并裁切瓷砖。

（3）在瓷砖背部涂抹水泥砂浆或素水泥，从下至上准确粘贴到墙面上，保留的缝隙宽度要根据瓷砖特点来定（图9-25）。

（4）采用瓷砖专用填缝剂填补缝隙，使用干净抹布将瓷砖表面擦干净，养护待干。

图9-24 墙砖浸泡

图9-25 墙砖铺贴

## 二、地砖铺装方法

地砖一般为高密度瓷砖、抛光砖、玻化砖等，铺贴的规格较大，不能有空鼓存在，铺贴厚度也不能过高，应避免与地板铺设形成较大落差（图9-26～图9-30）。

（1）清理地面基层，铲除水泥疙瘩，平整墙角，但是不要破坏楼板结构。选出具有色差的砖块。

（2）配置1:2.5水泥砂浆待干，洒水润湿铺贴墙面基层，放线定位，精确测量地面转角与开门出入口的尺寸，并对瓷砖做裁切。普通瓷砖与抛光砖仍须浸泡在水中3～5小时后取出晾干，可预先铺设地砖并依次标号。

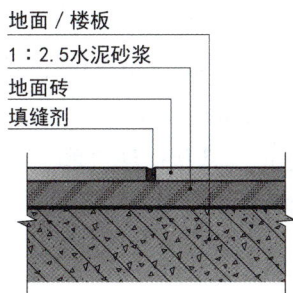

地面/楼板
1：2.5水泥砂浆
地面砖
填缝剂

特别注意：地砖铺装对平整度要求很高，在铺装过程中要不断校正表面平整度，保持0高差。

图9-26　地砖铺装示意图

图9-27　地砖切割

图9-28　调配两种湿度的砂浆

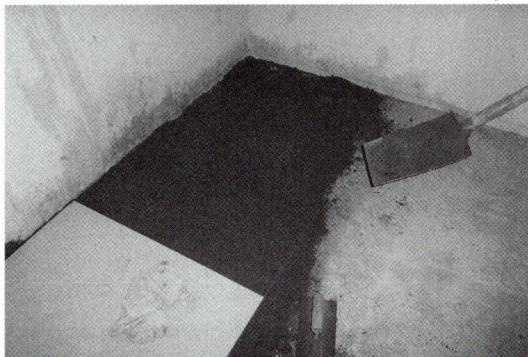

图9-29　预铺装

图9-30　地砖背面涂抹湿砂浆

（3）在地面上铺设平整且较干的水泥砂浆，依次将地砖铺贴到地面上，保留的缝隙宽度需根据瓷砖特点来定。

（4）采用专用填缝剂填补缝隙，使用干净抹布将瓷砖表面的水泥擦拭干净，养护待干。

## 三、墙地砖施工费计算

墙地砖施工属于装饰工程中的高技术施工，需要丰富的施工经验与耐心，并需依据设计需要对砖块材料进行切割加工。在现代装饰中，墙、地面综合铺装面积一般为 $60 \sim 120 m^2$，其中墙砖铺装工艺难度较大，对铺贴厚度、表面平整度、垂直度都有要求。

地砖的铺装难度相对较低，但是也有严格规范，施工要求绝对的平整度。

1名施工员每日能完成约8m²墙砖铺贴，或约10m²地砖铺贴，日均工资500元，则最终的墙砖施工费约63元/m²，地砖施工费约50元/m²。

其中包含墙砖与地砖挑选、浸泡、放线定位、粘接砂浆拌和、切割加工、铺贴、养护等一系列工作，注意墙、地砖施工费用的增减幅度不超过10%。

# 第六节　隔墙施工

在装饰工程中，需要进行不同功能的空间分隔时，最常采用的就是石膏板隔墙，而砖砌隔墙较厚重，成本高、工期长，除了特殊需要外，现在已经很少采用了。大面积平整纸面石膏板隔墙采用轻钢龙骨作基层骨架，小面积弧形隔墙则可以采用木龙骨与胶合板饰面。

## 一、隔墙施工方法

隔墙构造与施工方法如图9-31～图9-35所示。

（1）清理基层地面、顶面与周边墙面，分别放线定位，根据设计造型在顶面、地面、墙面钻孔，放置预埋件。

（2）沿着地面、顶面与周边墙面制作边框墙筋，并调整到位。

（3）分别安装竖向龙骨与横向龙骨，并调整到位。

（4）将石膏板竖向钉接在龙骨上，对钉头做防锈处理，封闭板材之间的接缝，并全面检查。

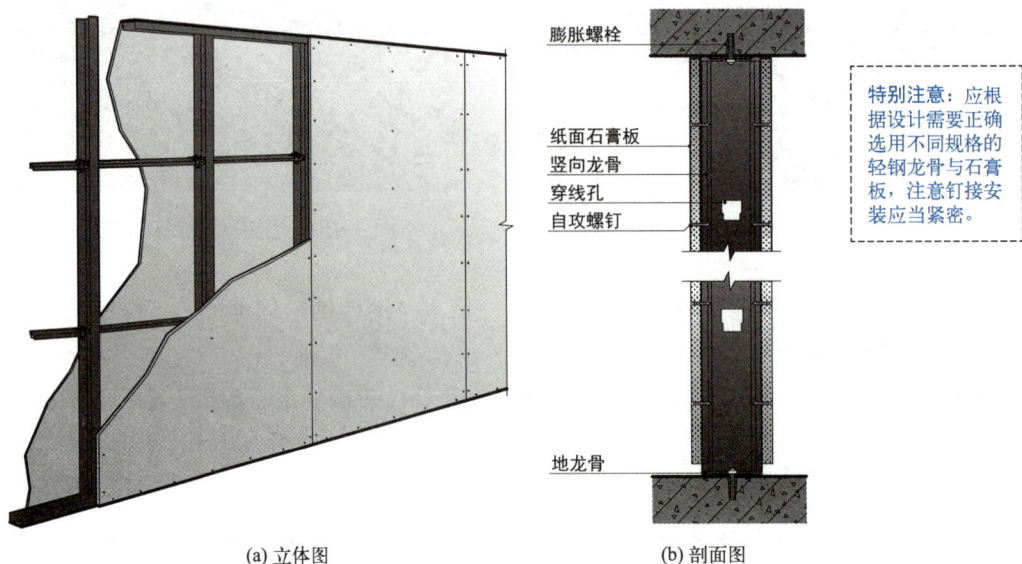

（a）立体图　　　（b）剖面图

图9-31　隔墙构造示意图

图9-32　竖立轻钢龙骨

图9-33　轻钢龙骨成型

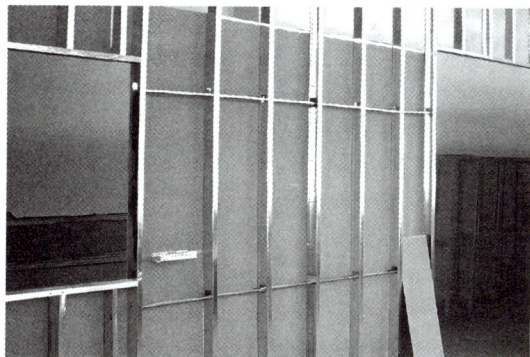

图9-34　板材封闭

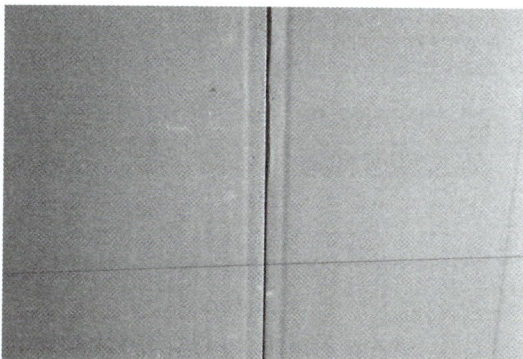

图9-35　板材接缝

## 二、隔墙施工费计算

隔墙施工属于构造施工中比较简单、单一的施工种类，但是需要运用形体较大的材料，并对材料进行加工。在现代空间装饰中，当需要对室内空间进行分隔时，采用这类轻质隔墙最佳。

通常一间房的隔墙地面沿线长度约为 4m，高度 2.8m，墙面面积约为 11m²，整个空间需要制作隔墙的面积则为 20 ～ 30m²。

1 名施工员每日能完成约 10m² 隔墙施工，日均工资 500 元，则最终的隔墙施工费为 50 元 /m²。

其中包含轻钢龙骨安装、石膏板安装、门窗洞口预留制作等一系列工作，注意隔墙施工费用的增减幅度不超过 10%。

## 第七节　吊顶施工

吊顶构造施工的工作量较大，施工周期最长。但是随着装饰技术的发展，不少家装吊顶构造都采取预制加工的方式制作，即专业厂商上门测量，绘制图纸，再在生产车间加工，最后运输至施工现场安装，但即使如此，仍有很多吊顶构造需要在施工现场制作。

## 一、石膏板吊顶施工方法

在客厅、餐厅顶面制作的吊顶面积较大，多采用纸面石膏板制作，因此也称其为石膏板吊顶。石膏板吊顶主要由吊杆、龙骨架、面层等3部分组成：吊杆承受吊顶面层与龙骨架的荷载，并将重量传递给屋顶的承重结构，吊杆大多使用钢筋；龙骨架承受吊顶面层的荷载，并将荷载通过吊杆传给屋顶承重结构；面层则具有装饰室内空间、降低噪声、保洁界面等功能（图9-36）。

这类吊顶适用于外观平整的顶面造型，具体施工方法如下：

（1）在顶面放线定位，根据设计造型在顶面、墙面钻孔，安装预埋件。

（2）安装吊杆于预埋件上，并在地面或操作台上制作龙骨架。

（3）将龙骨架挂接在吊杆上，调整平整度，对龙骨架做防火、防虫处理（图9-37）。

（4）在龙骨架上钉接纸面石膏板，并对钉头做防锈处理，最后进行全面检查（图9-38）。

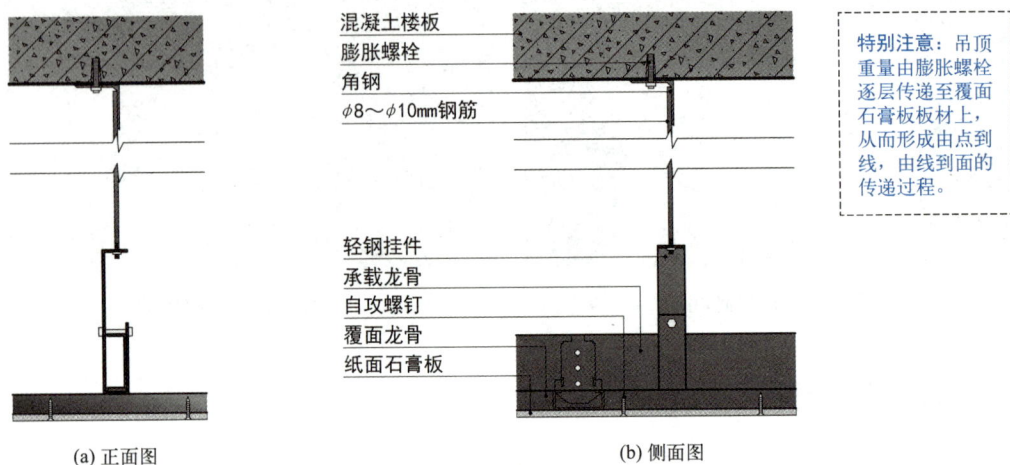

混凝土楼板
膨胀螺栓
角钢
$\phi 8 \sim \phi 10mm$钢筋

轻钢挂件
承载龙骨
自攻螺钉
覆面龙骨
纸面石膏板

特别注意：吊顶重量由膨胀螺栓逐层传递至覆面石膏板板材上，从而形成由点到线，由线到面的传递过程。

(a) 正面图　　　　(b) 侧面图

图9-36　石膏板吊顶构造示意图

图9-37　基层轻钢龙骨

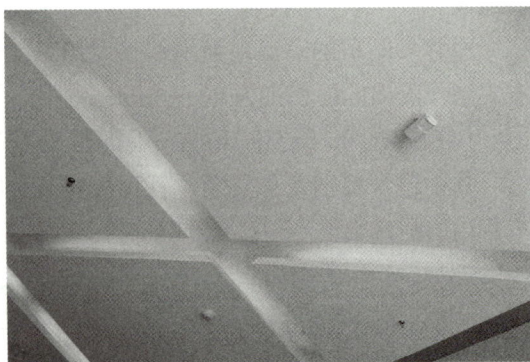

图9-38　石膏板覆盖

## 二、胶合板吊顶施工方法

胶合板吊顶是指采用多层胶合板、木芯板等木质板材制作的吊顶，这类吊顶适用于面积较小且造型复杂的顶面造型，尤其是弧形顶面造型或自由曲线顶面造型。由于普通纸面石膏板不便裁切为较小规格，也不便做较大幅度弯曲，因此采用胶合板制作带有曲线造型的吊顶恰到好处（图9-39）。

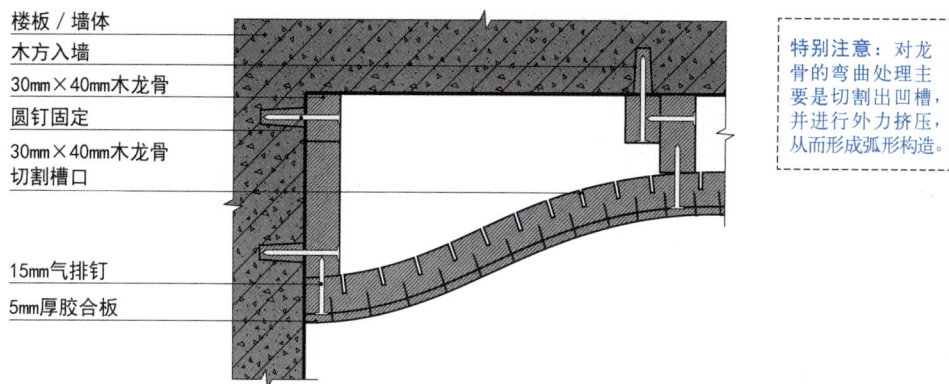

图9-39　胶合板吊顶构造示意图

（1）在顶面放线定位，根据设计造型在顶面、墙面钻孔，安装预埋件。

（2）安装吊杆于预埋件上，并在地面或操作台上制作龙骨架。

（3）将龙骨架挂接在吊杆上，调整平整度，对龙骨架做防火、防虫处理（图9-40）。

（4）在龙骨架上钉接胶合板与木芯板，并对钉头做防锈处理，最后进行全面检查（图9-41）。

图9-40　基层木龙骨

图9-41　胶合板覆盖

## 三、吊顶施工费计算

吊顶施工属于构造施工中比较复杂的施工种类，需要运用形体较大的材料，并对材料进行加工。在现代空间装饰中，需要对吊顶进行精确设计，并依据吊顶装饰造型的不同选用合适的板材。

通常在装饰中，需要吊顶的空间为客厅、餐厅、走道等外部公共区域，整个空间需要制作吊顶的面积约为 $20m^2$。

1 名施工员每日能完成约 $10m^2$ 轻钢龙骨石膏板吊顶施工，日均工资500元，则最终的吊顶施工费为 50 元 $/m^2$。

其中包含轻钢龙骨、石膏板加工安装等一系列工作，如果设计弧形与特殊造型的吊顶，或在吊顶边侧制作窗帘盒等构造，则难度较大，此时吊顶施工费用的增加幅度为20%。

# 第八节　柜体施工

柜体指的是木质家具的基础框架，常见的木质柜件包括鞋柜、电视柜、装饰酒柜、书柜、衣柜、储藏柜与各类木质隔板等，木质柜件制作在木构工程中占据相当大的比重。现场制作的柜体应当能与房型结构紧密相连，建议选用更牢固的板材（图9-42）。

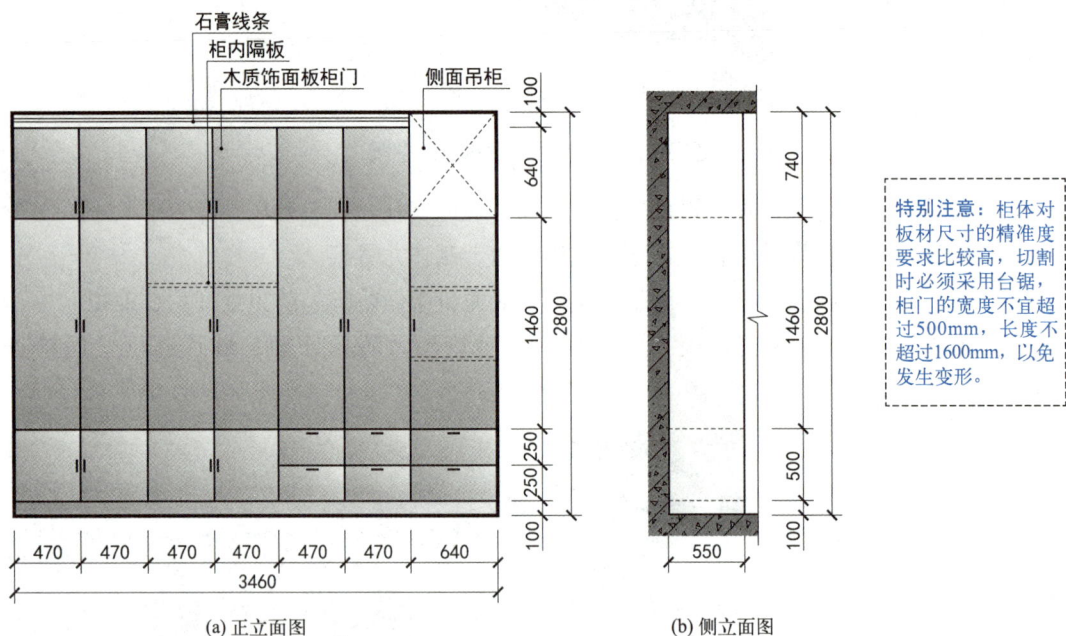

特别注意：柜体对板材尺寸的精准度要求比较高，切割时必须采用台锯，柜门的宽度不宜超过500mm，长度不超过1600mm，以免发生变形。

(a) 正立面图　　　　(b) 侧立面图

图9-42　柜体构造设计示意图

## 一、柜体施工方法

柜体构造设计与施工方法如图9-43～图9-46所示。

图9-43　板材切割

图9-44　板材固定

图9-45　柜体组合

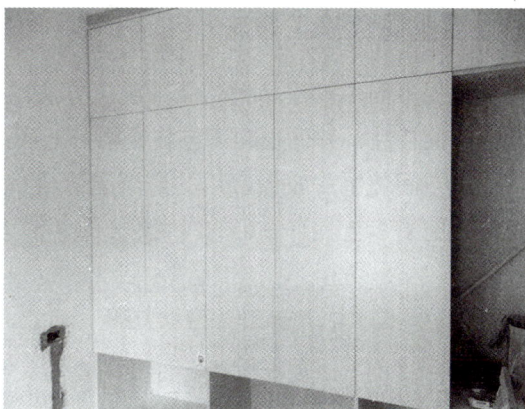

图9-46　柜门安装

（1）清理制作大衣柜的墙面、地面、顶面基层，放线定位。

（2）根据设计造型在墙面、顶面上钻孔，放置预埋件。

（3）对板材涂刷封闭底漆，根据设计要求制作柜体框架，调整柜体框架的尺寸、位置、形状。

（4）将柜体框架安装到位，钉接饰面板与木线条收边，对钉头做防锈处理，将接缝封闭平整。

## 二、柜体施工费计算

现代空间装饰多选用生态板制作柜体，这种板材切割简单方便，多采用收口条封闭边缘，板材挺括，安装完毕后耐用性较好。

通常在空间装饰中，卧室、书房中需要制作具有储藏功能的家具，如衣柜、储物柜等，按柜体正立面面积计算，每个房间需要制作柜体的面积一般为 6 ～ 10m²。

1 名施工员每日能完成约 3m² 正立面面积的柜体施工，日均工资 600 元，则最终的柜体施工费为 200 元 /m²。

其中包含板材裁切下料、钉接组合、柜门制作、收口加工、五金件安装、部分抽屉制作等一系列工作，如果抽屉较多或有特殊造型的柜体，则难度较大，此时柜体施工费的增加幅度为 20%。

# 第九节　涂料施工

当空间装饰进入涂饰施工环节后，各个部位的装饰效果才会逐渐反映出来。涂饰施工方法很多样，但是基层处理都要求平整、光洁、干净，并需要进行腻子填补、多次打磨、表面油漆涂刷后才能完美覆盖基层表面的缺陷。现代涂饰材料品种多样，应当根据不同材料的特性选用不同的施工方法。

## 一、聚酯清漆施工方法

根据不同的油漆品种，涂饰施工方法均有不同。施工前应当配齐工具与辅料，熟悉不同油漆的特性，并仔细阅读包装说明。下面主要介绍常见的聚酯清漆的涂饰施工方法。

在空间装饰中较为常用的是聚酯清漆，这种油漆涂刷后能获得平整的表面，且干燥速度快，施工工艺具有一定的代表性（图9-47）。

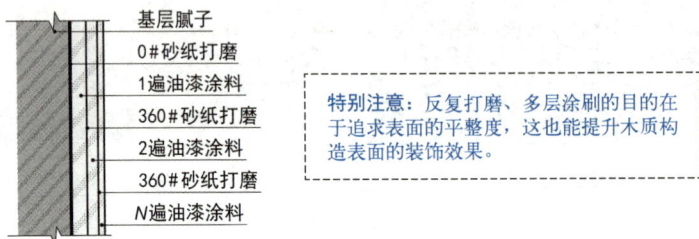

基层腻子
0#砂纸打磨
1遍油漆涂料
360#砂纸打磨
2遍油漆涂料
360#砂纸打磨
N遍油漆涂料

**特别注意：** 反复打磨、多层涂刷的目的在于追求表面的平整度，这也能提升木质构造表面的装饰效果。

**图9-47 聚酯清漆涂刷构造示意图**

聚酯清漆主要用于木质构造、家具表面涂饰，它能起到封闭木质纤维，保护木质表面，使其保持光亮、美观的作用。现代空间装饰中使用的清漆多为调和漆，需要在施工的过程中不断勾兑，且在挥发过程中需不断保持合适的浓度，以保证涂饰均匀。

（1）清理涂饰基层表面，铲除多余木质纤维，使用0#砂纸打磨木质构造表面与转角（图9-48）。

（2）根据设计要求与木质构造的纹理色彩对成品腻子粉进行调色处理，调色完成后即可修补钉头凹陷部位（图9-49），待干后再用240#砂纸打磨平整。

**图9-48 刮除边角**

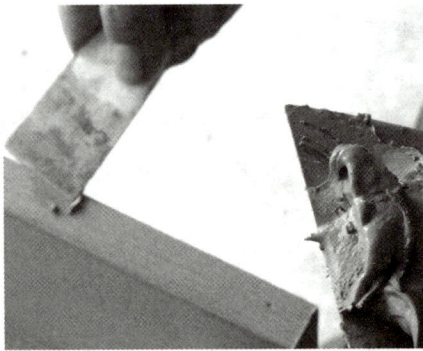

**图9-49 修补腻子**

（3）整体涂刷第1遍清漆，待干后复补腻子，采用360#砂纸打磨平整；然后整体涂刷第2遍清漆，采用机械打磨平整（图9-50）。

（4）在使用频率较高的木质构造表面涂刷第3遍清漆，待干后打蜡、擦亮、养护（图9-51）。

## 二、乳胶漆施工方法

涂料施工面积较大，主要涂刷在墙面、顶面等大面积界面上，施工要求涂装平整、无缝，涂料具有一定的遮盖性，能完全变更原始构造的色彩，是装饰必备的施工工艺。目前，

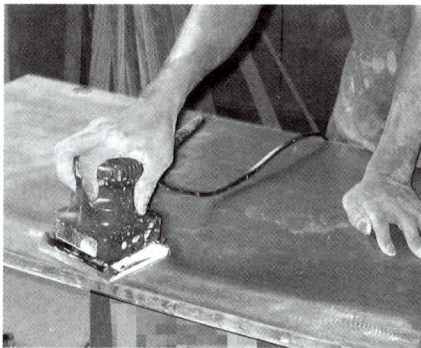

图9-50　机械打磨

图9-51　刷涂聚酯清漆

常见的涂料施工主要包括乳胶漆涂饰、真石漆涂饰、硅藻涂料涂饰等3种，各自具有代表性，但其基层处理方法基本相同（图9-52）。

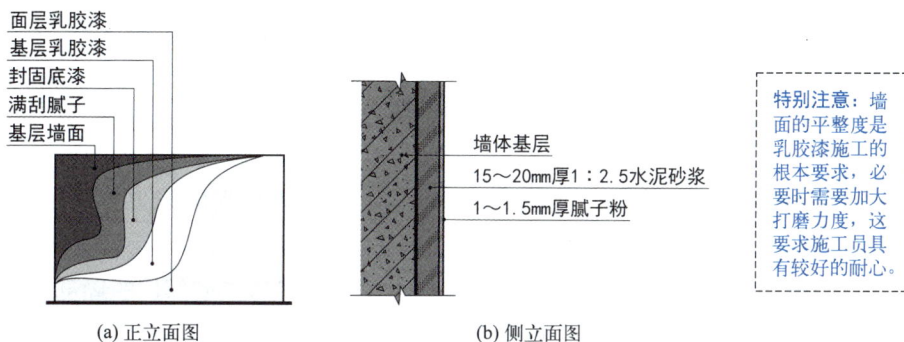

面层乳胶漆
基层乳胶漆
封固底漆
满刮腻子
基层墙面

(a) 正立面图

墙体基层
15～20mm厚1∶2.5水泥砂浆
1～1.5mm厚腻子粉

(b) 侧立面图

特别注意：墙面的平整度是乳胶漆施工的根本要求，必要时需要加大打磨力度，这要求施工员具有较好的耐心。

图9-52　乳胶漆涂刷构造示意图

（1）清理涂饰基层表面，对墙面、顶面不平整的部位填补石膏粉（图9-53），采用封边条粘贴墙角与接缝处，用240#砂纸将涂饰界面打磨平整。

（2）对涂刷基层表面做第1遍满刮腻子（图9-54），修补细微凹陷部位，待干后采用360#砂纸打磨平整；满刮第2遍腻子，仍采用360#砂纸打磨平整。

（3）根据界面特性选择涂刷封固底漆，复补腻子磨平；整体涂刷第1遍乳胶漆，待干后复补腻子，并采用360#砂纸打磨平整（图9-55）。

图9-53　修补接缝

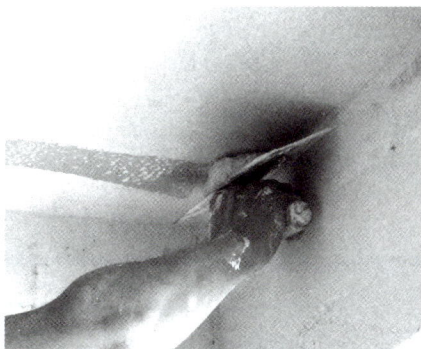

图9-54　刮涂腻子

（4）整体涂刷第 2 遍乳胶漆（图 9-56），待干后采用 360 # 砂纸打磨平整，养护。

图 9-55　砂纸打磨

图 9-56　滚涂乳胶漆

### 三、涂料施工费计算

#### 1. 聚酯清漆施工费计算

涂料施工的核心在于基层处理与平整度的塑造，施工员会将大量时间、精力放在追求基层的平整度上。

聚酯清漆是油性涂料的代表，其他如硝基漆、氟碳漆等材料的施工与聚酯清漆类似，这种油漆适用于比较平整的木质板材，涂饰时需要多次涂刷、打磨才能得到较平整的界面。

一般装饰中的实木构造内容并不多，主要集中在具有装饰造型部位的局部细节，共计 $6 \sim 8m^2$。1 名施工员每日能完成约 $10m^2$ 木质材料表面聚酯清漆涂刷，日均工资 600 元，则最终的聚酯清漆施工费为 60 元 /$m^2$。

#### 2. 乳胶漆施工费计算

乳胶漆施工多选用石膏粉和腻子粉对墙面、顶面进行找平，施工时也需要多次打磨，但表面乳胶漆滚涂施工相对比较轻松，施工效率也较高。

空间装修墙、顶面需要涂刷乳胶漆面积为 $200 \sim 300m^2$。1 名施工员每日能完成约 $30m^2$ 乳胶漆涂刷，日均工资 600 元，则最终的乳胶漆施工费为 20 元 /$m^2$。

上述油漆施工包含界面基层处理、找平，油漆涂料调配、涂刷、修补等一系列工作，如果转角或特殊造型较多，或需要调色，则难度较大，此时油漆涂料施工费用的增加幅度为 10% $\sim$ 20%。

乳胶漆涂料施工的核心同样在于基层处理与平整度的塑造，施工员会将大量时间精力放在追求基层的平整度上。

## 第十节　壁纸施工

了解壁纸施工时常见的一些问题，并掌握解决的办法，当壁纸使用出现问题时，业主便可自行修理，也能省去因请装修工人维修而需要的预算。

## 一、壁纸施工方法

常规壁纸指传统的纸质壁纸、塑料壁纸、纤维壁纸等材料。常规壁纸的基层一般为纸浆，与壁纸胶接触后粘贴效果较好。壁纸铺装粘贴工艺复杂，成本高，应该严谨对待（图9-57、图9-58）。

特别注意：墙面的平整度处理与乳胶漆基础相同，在铺贴壁纸前需要涂刷基膜，这也能加强壁纸的黏合力。

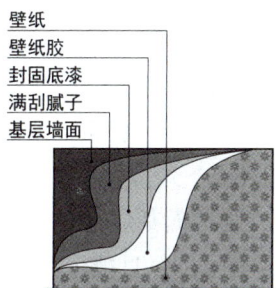

特别注意：在铺贴之前应当仔细阅读壁纸的施工说明，并根据不同壁纸的特征来采取对应的施工方式。

壁纸
壁纸胶
封固底漆
满刮腻子
基层墙面

图9-57 壁纸铺贴构造示意图

可用海绵擦拭
可洗
特别耐洗
可刮擦
优质环保
耐适度光
已涂胶
把胶水涂到墙上
耐强光
可撕开
可剥落
不对花
同步对花
上下对花
翻转对花

图9-58 壁纸特性

（1）清理涂饰基层表面，对墙面、顶面不平整的部位填补石膏粉，并用240#砂纸将涂饰界面打磨平整。

（2）对涂刷基层表面做第1遍满刮腻子，修补细微凹陷部位，待干后采用360#砂纸打磨平整；满刮第2遍腻子，仍采用360#砂纸打磨平整；对壁纸粘贴界面涂刷封固底漆，复补腻子磨平。

（3）在墙面上放线定位，展开壁纸检查花纹、对缝，依据需要裁切，并设计粘贴方案；在壁纸背面和墙面上涂刷专用壁纸胶，上墙对齐粘贴（图9-59、图9-60）。

图9-59 壁纸涂胶

图9-60 对齐铺贴

（4）赶压壁纸中可能出现的气泡，严谨对花、拼缝，擦净多余壁纸胶，修整养护7天（图9-61、图9-62）。

图9-61 刮板赶压气泡

图9-62 待干养护

## 二、壁纸施工费计算

壁纸施工的核心在于基层处理与平整度的塑造，施工费用应当预先计入墙面找平的施工费。与上文中关于乳胶漆施工的步骤类似，应当采用石膏粉与腻子粉对墙面、顶面进行找平，壁纸施工前也需要多次打磨，并需在表面滚涂基膜，整体施工与乳胶漆全套施工一致。

1名施工员每日能完成约$30m^2$基层处理，日均工资600元，则墙面基层处理施工费为20元/$m^2$。壁纸施工时还需要运用涂胶器、水平仪等设备，1名施工员每日能完成约$60m^2$墙面壁纸（约16卷壁纸）铺贴，日均工资600元，则壁纸铺贴施工费为10元/$m^2$。因此，墙面基层处理与壁纸铺贴综合施工费用为：20元/$m^2$ + 10元/$m^2$ = 30元/$m^2$。

壁纸施工包含界面基层处理与找平、基膜涂刷、壁纸胶调配、壁纸铺贴与修补等工作，如果转角或特殊造型较多，则难度较大，此时壁纸施工费的增加幅度为10% ~ 20%。

# 第十一节　门窗安装施工

## 一、成品门窗安装方法

成品门窗的具体安装方法如下：

（1）在基础与构造施工中，按照安装设计要求预留门洞尺寸，订购产品前应再次确认门洞尺寸（图9-63）。

（2）将成品房门运至施工现场后打开包装，仔细检查各种配件，将门预装至门洞。

（3）如果门洞较大，可以采用15mm厚木芯板制作门框基层，表面采用强力万能胶粘贴饰面板，并采用气排钉安装装饰线条。

（4）将门扇通过合页连接至门框上，进行调试，然后填充缝隙，安装门锁、拉手、门吸等五金配件（图9-64）。

## 二、推拉门安装方法

推拉门又称为滑轨门、移动门或梭拉门，它凭借光洁的金属框架、平整的门板与精致

图9-63 确认尺寸

图9-64 安装调试

的五金配件赢得现代装修业主的青睐，一般安装在厨房、卫生间或卧室衣柜上。

（1）检查推拉门及配件，检查柜体、门洞的施工条件，测量复核柜体、门洞尺寸，根据施工需要做必要修整。

（2）在柜体、门洞顶部制作滑轨槽，并安装滑轨（图9-65）。

（3）将推拉门组装成型，挂置到滑轨上。

（4）在底部安装脚轮，测试调整，并清理施工现场（图9-66）。

图9-65 滑轨安装

图9-66 推拉门调试

## 三、门窗安装施工费计算

成品构造安装相对简单，施工要求施工员运用设备进行精准的定位，必须保证安装水平度与垂直度。

当门窗产品加工完毕并运输至施工现场后，1名施工员每日能完成约5扇（套）成品门窗的基础处理，日均工资500元，则最终的门窗安装施工费为100元/扇（套）。

上述门窗安装施工包含门窗边框界面基层处理与找平、局部龙骨板材支撑、门窗框扇安装、门窗调整等一系列工作，如果门窗框基础界面存在水平、垂直偏差等问题，则难度较大，需要调整，此时门窗安装施工费用的增加幅度为20%左右。

# 第十二节 地板施工

装饰地面铺装材料较多，主要为地砖铺装与地板铺装。关于地砖铺装施工前文已有介绍，下面介绍地板的安装方法，这是安装施工的最后环节。

## 一、复合木地板铺装方法

复合木地板具有强度高、耐磨性好、易于清理的优点，购买后一般由商家派施工员上门安装，无须铺装龙骨，铺设工艺比较简单（图9-67）。

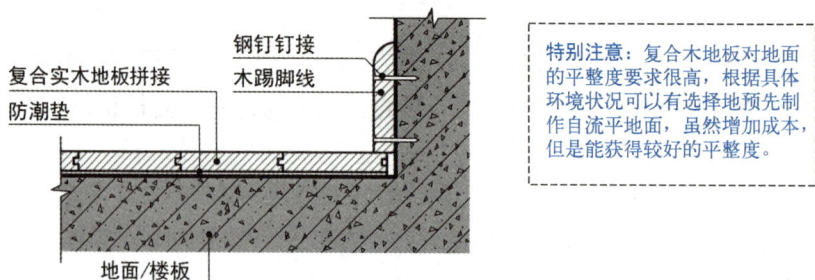

特别注意：复合木地板对地面的平整度要求很高，根据具体环境状况可以有选择地预先制作自流平地面，虽然增加成本，但是能获得较好的平整度。

图9-67 复合木地板铺装构造示意图

（1）仔细测量地面铺装面积（图9-68），清理地面基层砂浆、垃圾与杂物，必要时应对地面进行找平处理。

（2）将复合木地板搬运至施工现场，打开包装放置5天，使地板湿度与环境一致。

（3）铺装地面防潮毡，压平，放线定位，从内向外铺装地板（图9-69～图9-71）。

（4）安装踢脚线与封边装饰条，清理现场，养护7天。

图9-68 测量地面铺装面积

图9-69 铺装防潮毡

图9-70 板材切割

图9-71 复合木地板安装固定

## 二、实木地板铺装方法

实木地板较厚实，具有一定弹性和保温效果，属于中高档地面材料，一般都采用木龙骨、木芯板制作基础后再铺装，工艺要求更严格（图9-72、图9-73），下列方法也适合竹地板铺装。

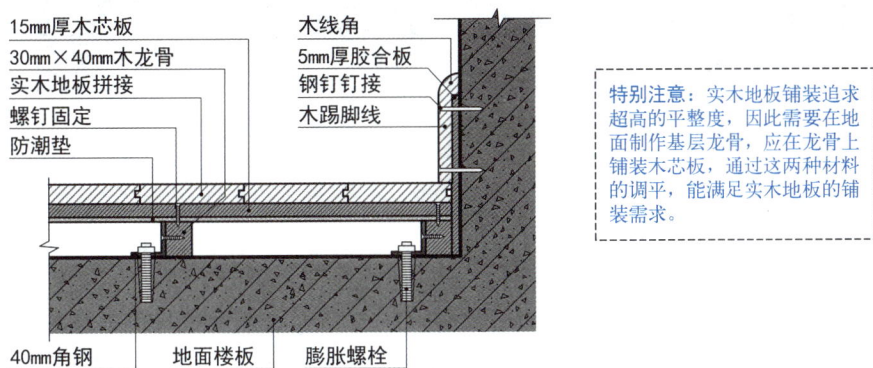

图9-72　实木地板铺装构造示意图

**特别注意：** 实木地板铺装追求超高的平整度，因此需要在地面制作基层龙骨，应在龙骨上铺装木芯板，通过这两种材料的调平，能满足实木地板的铺装需求。

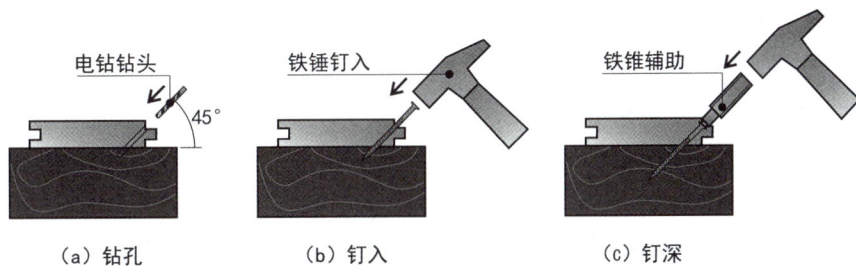

图9-73　实木地板钉接构造示意图

（1）清理地面，根据设计要求放线定位（图9-74），钻孔安装预埋件，并固定木龙骨（图9-75）。

图9-74　地面放线

图9-75　安装龙骨

（2）将实木地板搬运至施工现场，打开包装放置5天，使地板湿度与环境一致。

（3）从内到外铺装木地板，使用地板专用钉固定，安装踢脚线与装饰边条（图9-76、图9-77）。

（4）调整修补，打蜡养护。

图9-76　铺装垫材与木芯板

图9-77　实木地板安装

## 三、地板施工费计算

地板安装施工技术并不复杂，施工主要对地面的平整度提出了较高的要求。

复合木地板铺装快捷，如果地面平整度低，则需预先对地面进行找平处理，可选用水泥砂浆找平或自流平，1名施工员每日能完成约30m²地面铺装，日均工资600元，则最终复合木地板的施工费用为20元/m²。如果地面平整度高，可以直接铺装复合木地板，1名施工员每日能完成约60m²地面铺装，日均工资600元，则最终复合木地板的施工费用为10元/m²。

实木地板铺装需要制作木龙骨基层，如果地面平整度低，同样需预先对地面进行找平处理，可选用水泥砂浆找平或自流平，1名施工员每日能完成约30m²地面铺装，日均工资600元，则最终实木地板的施工费为20元/m²。

上述地板施工包含地面基层处理、地板安装、地板调整等一系列工作，如果地面基础特别不平整，或转角弧形空间较多，则地板施工费的增加幅度为20%～30%。

> **小结**
>
> 　　在建筑装饰行业中，施工技术的成熟度对于成本预算的调整具有决定性作用。施工人员若具备较高的技术能力和工作效率，其人力成本亦随之提升。此外，施工过程中，对辅助材料的选择标准亦趋严格，倾向于使用价格较高的电动设备，以保障施工质量。这种做法，虽然提高了施工效率，但也伴随着较大的设备和工具损耗，这些因素综合作用，对预算的费用调整产生了直接影响。

## 课后练习题

1. 装饰工程中水路施工时应该注意哪些问题？

2. 电路施工费用怎样计算？

3. 防水工艺中主要有什么内容？

4. 地面铺砖时，为什么要浸泡瓷砖？

5. 涂料施工的技术核心是什么？

6. 地板安装的损耗应当如何降低？

# 第十章
# 装饰工程预决算实例解析

## 第一节　实例解析　咖啡厅装饰工程预算与成本核算

　　咖啡厅是顾客休闲、娱乐、谈话、放松的场所，人们可以在此抒发感情，尽情地享受
朋友间聚会的快乐和咖啡散发出来的香气。咖啡休闲餐饮设计内容是对一间实测面积为
$160.3m^2$ 的咖啡厅，进行现代简约风格设计。咖啡厅内包括
观景吧台、大堂、散座区、卡座区、烘焙教室以及厨房等功
能分区。从工程预算到装修选材，从家具设计到采购，从咖
啡厅的墙面装饰到灯光设计，设计师对细节的把握，皆在咖
啡厅中完美呈现。该案例的预算与成本核算、工程图纸请扫
描二维码 10-1、10-2 查看。

二维码 10-1　　二维码 10-2

## 第二节　实例解析　园博会会馆装饰工程预算

　　园博会对我国的经济、文化、旅游、环境等发展产生重
要影响。该装饰工程为国际园林博览会东部服务工程，规模
较大，投入人力、物力多，包括序厅建设、一号厅建设、二
号厅建设以及三号厅建设等项目。会馆平面布局活泼自由，
空间开敞通透，整体色调偏暗，体现了园博会会馆的端庄严
谨。该案例的预算与图纸请扫描二维码 10-3、10-4 查看。

二维码 10-3　　二维码 10-4

## 第三节　实例解析　办公建筑装饰工程决算

近年来人们的工作观念发生了很大变化，大部分人要求在随意休闲、轻松愉悦的氛围中开展工作。针对这一人性化需求，现代办公工程着重体现工作与生活的有机融合。该工程主要有地下一层和地上三层，内容包括外部装饰施工、内部装饰施工、水电施工以及消防施工等项目。从建筑的实用性、独特性、经济性和舒适性出发，融合现代办公氛围，力求装饰风格与整体设计保持一致。该案例的决算与工程图纸请扫描二维码10-5、10-6查看。

二维码10-5　　二维码10-6

## 第四节　实例解析　国际学校建筑装饰改造工程成本核算

该装饰工程为国际学校小学部教室装饰改造设计工程，改造空间包括教学楼一层书法教室、开敞走廊、外庭院、内庭院，教学楼二层美术教室、开敞走廊、图书角，行政楼一层校长办公室，行政楼二层木工教室、图书馆，行政楼三层音乐教室、武术教室以及室内体育教室等不同的功能分区。该案例的成本核算、工程图纸请扫描二维码10-7、10-8查看。

二维码10-7　　二维码10-8

## 第五节　实例解析　机电厂房建筑装饰工程估算

该装饰工程为工业园区中的厂房装修工程，建筑面积为4705.05m²，该建筑用于从事设备生产、组装、调试、开发等活动。各功能空间遵循"紧凑布置，减少二次搬运"的原则，按照国家现行标准、规范规划布置。建设项目包括墙、地面工程，门、窗工程，相关材料搬运，电气工程以及安防弱电工程。该项目设计形式美观大方、造型新颖；在功能上构造牢固、经久耐用；在技术上精工制作、技术领先；在经济上价格低廉、经济实惠。该案例的估算与工程图纸请扫描二维码10-9、10-10查看。

二维码10-9　　二维码10-10

> **小结**
>
> 本章通过案例指出建筑装饰工程预决算实例的复杂性，其中包含多种项目和分类，各项目的技术标准存在显著差异。在实际操作中，对施工现场的亲自监督和管理至关重要。参考本书前文所提供的信息，应采用适宜的预决算技术，以提高装饰工程预决算的准确性。实施成本控制策略是确保装饰施工质量与进度稳定的关键。通过这些措施，不仅可以减少施工成本，还能实现装饰工程经济效益的最大化。

根据本章内容，通过多种途径自行搜集一套300～500m²建筑装饰室内空间全套设计图纸，编制一套完整预决算表。

# 参考文献

[1] 何隆权,马有占.建筑装饰工程技术[M].北京:中国计划出版社,2010.

[2] 蒋金生.装饰工程施工工艺标准[M].杭州:浙江大学出版社,2021.

[3] 高祥生,潘瑜.装饰装修材料与构造[M].南京:南京师范大学出版社,2020.

[4] 王剑锋,王凌华.装饰装修工程施工安全技术与管理[M].北京:中国建材工业出版社,2017.

[5] 张飞燕.建筑施工工艺[M].杭州:浙江大学出版社,2019.

[6] 张清丽,李本鑫.室内装饰材料识别与选购[M].北京:化学工业出版社,2013.

[7] 严小波,郭彦丽.建筑装饰预决算[M].北京:中国轻工业出版社,2020.

[8] 盖卫东.装饰装修工程项目管理与成本核算[M].哈尔滨:哈尔滨工业大学出版社,2015.

[9] 吴承钧.建筑装饰预算[M].郑州:河南科学技术出版社,2015.

[10] 孙来忠.建筑装饰工程概预算[M].北京:机械工业出版社,2017.

[11] 周志华.房屋建筑工程——工程量清单计价实务教程[M].北京:中国建材工业出版社,2014.

[12] 王代荣,俞进萍.建筑室内装饰预算[M].北京:机械工业出版社,2007.

[13] 袁景翔,张翔.建筑装饰施工组织与管理[M].北京:机械工业出版社,2021.

[14] 谌永红.建筑工程预决算[M].北京:化学工业出版社,2011.

[15] 刘浩.装饰材料构造与预算——室内施工设计实训攻略[M].长春:东北师范大学出版社,2010.